造型百变的女生总会给人带来眼前一亮的感觉，让人印象深刻；爱美的女生总想费尽心思改变自己的造型，其实，最简单的办法就是通过改变发型来实现。在一个完美时尚的造型里，发型的重要性甚至要高于服饰和妆容。卷发的妩媚，直发的率真，长发的飘逸，短发的俏皮，曲直之间，长短变化，魅力便散发在举手投足间，让你瞬间成为最抢眼的那一个。

　　选择合适的发型，女孩子会变的更可爱。但又会遇到各种各样的困扰：想时常改变发型但又无从下手？想拍出美照但又不会编发？急着出门但又不想蓬头垢面？有了这本书就不用发愁啦！简单、省时，又不失时尚的各种发型随你挑选。所有时髦的发型都是用编发、马尾、扭转、刮发这些基本功组合而成，根本不必劳烦发型师，即使动用卷发棒这种看上去很麻烦的工具，你也一定可以自己解决。只要你准备好几根皮筋和发卡，一根卷发棒，分分钟就能帮你搞定发型烦恼。清新俏皮的丸子头、立体感马尾辫，只需一根皮筋，一分钟，灵动活泼的甜美女生就是你。简单的花式拧发、花式马尾，转一转，拧一拧，两分钟就能将你打造成脱俗大方，又不失可爱的淑女。加股辫、三股辫，三分钟轻轻松松就能学会，俏丽、清新、宁静、优雅的森女风任你选。

　　任何场合，发型与服饰都同样重要。逛街时披发，运动时马尾，约会时披发，工作时马尾。很多女人的发型只局限在披发与马尾之间。如何做花样百变的发型？如何展

现干练成熟的形象？聚会时怎样做发型才能更加充满人气？约会时怎样做发型才能令对方印象深刻？不同场合适合的发型不一样！职场适合干练利落时尚的发型，如职场气十足的优雅派侧马尾、清爽便捷的通勤发；约会适合浪漫甜美精致的发型，如空气感麻花辫、韩式侧马尾；出游适合易打理清新的发型，如服帖的蝎子辫、立体感马尾辫；见长辈时适合乖巧淑女的发型，如婉约公主发、甜美扎发公主头。本书中收录了多款秀发造型，或俏皮甜美，或优雅婉约，或干练精致，供你出席各种不同的场合时选择。

时尚而百变的发型没有那么神秘，自己动手做发型其实很简单。本书针对短发、中长发、长发以这些发型的风格特点进行详尽的介绍，满足喜欢百变的你随心所欲打造不同风格发型的需求。同时还讲述了秀发的日常护理、问题头发的护理技巧，教你养护出健康有光泽的美丽秀发，为打造发型做好扎实的基础。无论你是圆形脸、长形脸，还是方形脸，无论你是想去约会、逛街，还是上班……都能根据书中详细的步骤图片和文字说明轻松打造完美发型。

目录

第一章　秀发的日常护理

第二章　适合各种脸型的美丽发型

第三章　问题头发巧护理

第四章　超简单的造型基本功

第五章　个性、有趣的百变发型 DIY

第六章　优雅的盘发

第七章　美发常见问题

秀发的日常护理

光滑柔顺的头发，不仅有利于保护头部，还能增加人体外型的美观。谁不希望自己有一头乌黑发亮的头发呢？所以，护发要如同护肤一样被重视，日常的秀发护理更是必不可少。

判断自己的发质

想要给秀发最恰当的护理，首先要从了解自己的发质开始。而头发与皮肤一样也有油性、中性和干性的分别，这要依据皮脂腺的分泌量而定。

中性发质

- **中性发质自评**

如果你的头发不油腻，不干燥，说明油脂分泌正常，而且还表现为软硬适度，自然顺滑，那么你的头发是中性发质，是头发种类中的贵族。

- **中性发质的特征**

1. 不油腻，不干燥。

2. 柔软顺滑，有光泽，油脂分泌正常，只有少量头皮屑。

3. 如果没有经过烫发或染发，很容易保持原有的发型。

- **保持中性发质要诀**

1. 使用营养均衡滋润型洗发液，以均衡滋润头发。

2. 多吃紫菜、海带等富含碘的食物，保持秀发营养充足。

3. 定期修剪，保持头发清爽干净。

4. 减少烫染，维系头发的健康状态。

健康秀发

干性发质

● 干性发质自评

如果你的头发无光泽、干燥、容易打结，即使在浸湿的情况下也难于梳理，且通常头发根部颇稠密，但至发梢则变得稀薄，有时发梢还开叉，那么你的头发是干性发质。

● 干性发质的特征

1. 油脂少，头发干枯、无光泽；容易打结、缠绕。

2. 头发松散，头皮干燥，容易有头皮屑。

3. 在湿润的情况下难于梳理，通常头发根部颇稠密，但至发梢则变得稀薄，有时发梢还开叉。

4. 发质偏硬，弹性较低，其弹性伸展长度往往小于25%。

● 干性发质的形成原因

1. 干性发质主要是头皮血液循环不良，导致头皮油脂不足造成的。

2. 头皮保湿不够，会使头皮角质层因缺乏水分，过度干燥而层层脱落，产生恼人的头皮屑。

3. 严重时可能会导致毛囊萎缩、头发掉落，甚至于秃头的后果。

干枯发质　　　　　　正常发质

油性发质

● 油性发质自评

如果你的头发细长、油腻，需要经常清洗，那么你的头发是油性发质。

● 油性发质的特征

1. 发丝油腻，洗发半日后，发根已出现油垢，头皮如厚鳞片般积聚在发根。

2. 容易头痒。

3. 发质细者，油性头发的可能性较大，这是因为每一根细发的圆周较小，单位面积上的毛囊较多，皮脂腺同样增多，分泌皮脂也会多。

● 油性发质的形成原因

油性发质主要是头皮的皮脂腺分泌过于旺盛造成的。皮脂腺分泌过多阻塞毛囊，会妨碍头发的生长，而造成头发脱落，甚至于秃头。油性发质形成的原因很多，但通常与个人体质最为密切。

可使头发偏油性的不良生活习惯：

1. 生活起居不规律（如经常熬夜、饮食习惯偏好肉类或油炸等油脂类较多的食品）。

2. 空气污染。

3. 头发清洗不到位，或是使用了劣质的洗发水和护发产品。

4. 接受不适当的烫、卷、吹、洗，给头发及头皮增加了负担。

油性发质　　　　　正常发质

混合性发质

● 油性发质自评

如果你的头发发梢干、头皮油，那么你的头发是混合性发质。

● 混合性发质的特征

1. 头皮油但头发干。距离头皮 1 厘米左右处的头发有很多油，越往发梢越干燥，甚至开叉的混合状态。

2. 处于行经期的女性和青春期的少年多为混合型头发，此时头发处于最佳状态，而体内的激素水平又不稳定，于是出现多油和干燥并存的现象。

● 混合性发质的形成原因

过度进行烫发或染发，又护理不当，容易造成发丝干燥但头皮仍油腻的情况。

混合发质　　　　　正常发质

正确洗发

洗发的学问

中医认为"肾藏精，其华在发"，头发的健康、光泽是肾气是否充盈的标准。一般说来，一头滋润的黑发，往往是身体健康的标志。头发伴随着人的生长而生长，也是人体中唯一不腐烂的东西，不易被降解，比人的寿命还长。头发在中医里是一味药，叫血余。血余就是血剩余的东西，血足了以后长出来的东西叫头发。民间有个止血的妙方，用的就是头发。当头被碰破时，把伤口周边的头发剪下来，用火点着，烧成灰涂在伤口上，就可以达到止血的目的。

古时人们认为，头发应该多梳理，不宜多洗，如果洗头时被风吹到，还会受风，患上头痛；到了老年，头发逐渐稀疏，洗头次数也要相应减少。或许这种观点不符合现代的卫生观念，但却有一定的道理。古时洗浴条件不够完善，而且头发较长，洗头不当则会引起头痛、着凉等问题，所以养生专家不建议多洗头。而现代不同，生活环境大大改善，洗头发已经变得非常方便，大大减少了因洗头而引起的着凉或头痛可能，所以可增加洗头次数，保持头发的清洁。

其实，洗头不仅是保持头部的清洁，而且具有一定的养生功用。在洗发过程中，手指轻轻在头皮上划过，对头皮有很好的按摩作用，间接促进了血液循环，消除了疲劳。

很多天然的头发护理品都可以在家制作，安全、经济、简单。新鲜的植物是最有效的，品种繁多的、带有宜人香气的草本植物很容易在花盆和花箱中种植。

洗发的方法

要拥有一头亮泽的头发，首先则要学会正确的洗发方法：

1 洗发前应先梳头

洗头最忌凌乱，因此应在洗发前先将乱发梳通。在梳发时，应用大齿的梳子把头发的凌乱处和打了结的地方梳顺，然后再从头发末端梳起，直到可以很顺地从发根梳到发尾。在梳发时，要注意最好不要一开始就从发根开始梳，以免损伤发根。

2 要湿洗头发

现在年轻人流行干洗头发，但这种洗发方式并不适合老年人。因为干洗头发往往用的是化学性洗发水，而且洗头时按摩头皮的动作，容易使头皮毛细血管张开，吸收洗发水中的化学物质。因此，洗头时最好将头发弄湿，而且是用喷头冲淋，让水顺着头发流下，最好不要采用将头发完全放入脸盆中浸湿的方法。

3 洗头时，不要用力揉搓头发

头发很少会出现特别脏的情况，所以在浸湿头发后，倒适量洗发水于双手之上，搓出泡沫后放在头上轻轻揉搓，即可产生泡沫，不需过分用力搓头发，以免伤害头发毛鳞层。

冲洗时，也应用手指轻轻捋直头发，切忌像拧衣服一般拧头发。

4 适量用护发素

头发湿时，摩擦力大，更易揉乱，被扯伤，使用适量护发素可以有效避免这种情况。

5 尽量冲洗干净洗发水和护发素

由于洗发水或护发素中含有少许化学物质，因此在洗头时一定要冲洗干净，以免残留在头发上，伤害头发和头皮。

6 擦头发时，尽量不要拉扯头发

头发湿时尽管弹性很大，但也是最容易受伤的时候。因此，擦干头发时，应用两条毛巾。一条毛巾先用来吸取头发中大部分的水，另一条再用来轻轻地擦干头发。在这里需要提醒的是，尽量不要使用粗毛巾。

除了以上洗发时的要则外，平日里的梳头也很重要。不管是用手指轻轻地揉捏头皮，还是用细密的梳子从头发中梳过，都可以拉动发根，刺激头皮中的毛细血管，进而滋养头发。

另外，生活中还要避免过度暴晒头发。头发的组成物质与骨头、牙齿、指甲是相同的，长时间在阳光下暴晒，则会使头发中养分丢失，形成干枯、易断的局面。因此，要注意保护头发，避免长时间在阳光下暴晒。如果不得已要长时间在烈日下工作，也应戴上帽子。

正确吹头发

许多女性都认为用吹风机吹头发会损伤头发，其实这种观点是错误的，因为湿头发容易滋生细菌，而且在寒冷的冬天也很容易感冒，专业的发型师建议洗后将头发吹至七成干最合适，但你知道怎样才能吹好头发吗？

吹发前的呵护

1 用毛巾包住发丝，轻轻拍打（忌揉搓，否则头发会摩擦受伤），让水分逐渐被毛巾吸收。

2 头发不再滴水时，先喷一些护发剂，防止热风对头发的伤害。

3 纠结的头发直接吹风，极易因受到拉扯而断裂。所以要用防静电的大齿梳，先梳发尾再梳发根，将头发梳开。

正确吹头发步骤

1 把头发分区

把头发分区吹会更加容易，想想沙龙里理发师都是怎么给你吹的？先把上层的头发束到头顶，把下层的头发吹干。然后把头顶的湿发放下后，再依次吹干。自己在家的时候也可以这么做，否则你会发现表面的头发已经非常干燥了，但是里面的发根却仍然非常潮湿。

2 先吹发根

不要先吹发梢，发根渗透下来的水会让你做无用功。先把发根吹干，再吹发梢，或者让发梢自然风干，将吹风机的伤害减至最低。

3 风筒和头皮保持距离

把吹风筒远离头发 15 厘米左右，避免让它碰到头发，太近会导致头发热损伤。

4 吹风机不停移动

很多人常犯的一个错误就是，在吹一个区域的时候吹风机是静止不动的，这样因为热量集中在一个部位会容易引起头发受损。因此，开始吹时从头顶开始，一只手将头发拨弄开，一只手移动吹风机。

5 不要倒吹

湿头发的毛鳞片是张开的，顺着头发生长的方向吹会让毛鳞片闭合，如果倒吹会让毛鳞片张开，越吹越毛躁。

6 闭合毛鳞片

最后用冷风吹一下，让打开的毛鳞片闭合，这样可以提高光泽度。另外，造型后也可以使用冷风定型，如果刘海想要有卷度，可以拽着吹。

吹干之后

拥有模特般迷人秀发

美发

小枝 编著

中国华侨出版社

图书在版编目 (CIP) 数据

拥有模特般迷人秀发：美发 / 小枝编著 . —北京：中国华侨出版社，2017.1

ISBN 978-7-5113-6659-7

Ⅰ.①拥⋯ Ⅱ.①小⋯ Ⅲ.①女性－发型－设计 Ⅳ.① TS974.21

中国版本图书馆 CIP 数据核字（2017）第 018995 号

拥有模特般迷人秀发：美发

编　　著：小　枝

出 版 人：方　鸣

责任编辑：安　吉

封面设计：李艾红

文字编辑：史　翔

美术编辑：盛小云

封面用图：海洛创意

摄 影 师：孙京培

经　　销：新华书店

开　　本：850mm×1000mm　1/16　印张：12　字数：270 千

印　　刷：北京市松源印刷有限公司

版　　次：2017 年 8 月第 1 版　2017 年 8 月第 1 次印刷

书　　号：ISBN 978-7-5113-6659-7

定　　价：29.80 元

中国华侨出版社　北京市朝阳区静安里 26 号通成达大厦 3 层　邮编：100028

法律顾问：陈鹰律师事务所

发 行 部：（010）58815874　　　　传　　真：（010）58815857

网　　址：www.oveaschin.com

E-mail：oveaschin@sina.com

悉心呵护秀发

我们都希望头发柔顺有光泽，所以都会定期去发廊做护理，这样确实可以让头发立即散发出光彩，不过其实在家做的护理也能达到不错的亮发效果。

秀发的日常护理

正确的梳发方法

梳发，是让头发保持秀美柔顺不可缺少的日常护理之一。

梳发可以去掉头及头发上的浮皮和脏物，并给头皮以适度的刺激，以促进血液循环，使头发柔软而有光泽。使用的梳子应从实用的目的出发进行选择。洗发之前或大风的天气里，梳拢披散的头发时，使用粗纹的动物毛制作的刷子最好，既不会伤害头发，又能对头皮起到按摩作用。

正确的梳拢办法是，首先从散乱的发梢开始，用刷子毛梢轻贴头皮，慢慢旋转着梳拢。用力要均匀，如用力过猛，会刺伤头皮。先从前额的发际向后梳，后朝相反方向梳，再沿发际从后向前梳。然后，从左、右耳的上部分别向各自相反的方向进行梳理，最后让头发向头的四周披散开来梳理。

用软毛梳子梳理头发

头部按摩

按摩可以刺激皮肤，促进血液循环，调节皮脂分泌，解除头部疲劳，有助于头发的生长，保持头皮的健康；对于预防头皮过多和治疗头皮过多症也是很好的措施。

用手指腹按摩头皮

11

洗发应以按摩的要领进行

　　头发上的脏物是引起头皮过多和脱发的一个原因，而且有碍于头发的正常生长。而洗头的目的就在于洗掉头皮和头发上的污物，所以，要保护好头发，就要经常洗头和按摩。

　　洗发时，先要用水浸湿头发，然后再用洗发水。第一次将洗发水挤在手里揉出泡沫，再涂在头发上，用手指肚做按摩似的揉洗。第二次用第一次洗发水用量的一半进行清洗，洗好后用清水反复漂洗，直至头发上彻底没有洗发水为止。

洗发时多梳头

　　在我们洗发的时候免不了会揉搓发丝，这样做会令毛鳞片张开，所以你不妨试着在洗发的时候使用发梳来梳头，不仅能让秀发更垂顺还可以起到闭合毛鳞片的作用，洗完的头发也就不会那么毛糙了。

柔软纤细头发的保养

　　柔软的头发不但纤细，而且无弹性，不易蓬松，发型也不容易持久。此外，如不经常加以修饰，头发会变干、发红、易受损伤。为预防上述现象，必须经常使用护发素，以防止外来的刺激损伤头发。平时，可喷些化妆水来防止头发干燥，还可避免梳拢时产生静电摩擦；吹风时要控制好吹风机的温度，以免烫伤头发。

粗、硬头发的保养

　　粗、硬的头发比柔软纤细的头发更健康，但缺乏柔性，难以修饰。粗、硬的头发，平时最好经常擦些乳类免洗护发素以保持头发柔顺，更能保持发型。

头皮搔痒的防治方法

头皮骚痒是由于不经常洗头发，不注意皮肤卫生等原因引起的，所以，应注意清除头皮的污物，保持皮肤清洁。

油性头皮，因皮脂分泌过多，为使头发干净整齐，应每日清洗，通过梳拢和按摩等方法进行保养。干性头皮，由于皮脂分泌少，头皮干燥引起头皮发痒，可增加护发素的使用量，或在干燥季节适当减少清洗头发的次数。

另外，在头皮痒的时候尽量不要直接用指甲去抓，可以用指腹轻抓，以免损伤头皮。

易断、易分叉头发的保养

要保护好头发，首先要防止外部刺激，比如过于频繁的烫发、染发等。

其次要经常修剪，也可避免头发分叉。用梳子梳理时，不要马上从头发根部开始，应先将发梢散乱的部分梳开后，再从根部开始拢，梳拢或吹风时，可以使用一些免洗护发素保护头发免受外界刺激。

预防脱发

1. 要经常保持头皮和头发的清洁。

2. 可在头部表皮涂些生发香水，以促进血液循环，以此来预防头发的脱落。

3. 坚持做头部按摩操，经常注意梳理头发，这些都是预防头发脱落的有效措施。

4. 也可以用生姜和枸杞煮水，涂抹在头发上，可有效防脱发。

早餐营养护头发

在早餐时摄入充足的蛋白质对于头发的健康很有帮助，因为当我们的身体只有少量的热量时，它将会被用在心脏、肺部及其他维持正常身体机能的器官，而头发，则位列于最底层。所以想让头发有光泽就不妨在早餐时多摄入蛋清、酸奶、奶酪、水果、面包和花生酱，以增加蛋白质的摄入，为头发生长储存能量。

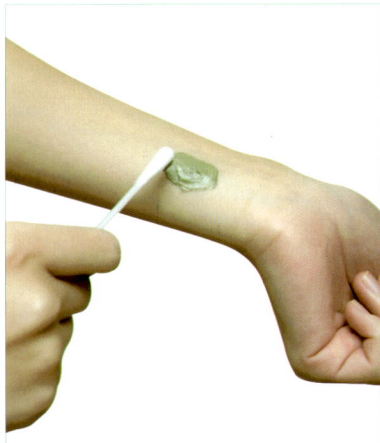

头发染色需先进行试验

染发有两种目的，一种是将黑发染成自己喜欢的颜色以求漂亮，一种是将过早出现的白发染成黑色以求美观，但无论是进行哪一种，染发之前一定看好说明书，按要求去做。

染发前，需要涂抹一点染发剂在手腕内侧，做过敏试验。无过敏反应后，方可进行染发。

染发后，不要马上使用含酒精的溶液或制剂，烫发也要在染发后三个月进行。

护发的误区

洗发、护发都有其各自的程序，也许你一贯坚持的方法是错误的。久而久之便会对头发，甚至是头皮造成严重的伤害。那么，哪些洗发护发习惯，属于误区呢？

● 洗发后立即吹风

洗发后最好用干毛巾把头发上的水分蘸干，再自然风干；如果需要头发马上干，可以先用宽齿梳梳通，待头发半干时，再用吹风机吹整，而且不要把头发完全吹干，完全吹干的头发会变得更干燥并容易开叉。

虽然，高功率的吹风机是很好的造型工具，但是吹风机功率越大对头发的伤害也越大，一般500w ~ 700w的吹风机最适于造型，使用时最好配有扩散头，使热风均匀散出，以减少对头发的伤害。

夏日在户外时尽量撑伞，以免头发被晒伤

● 洗发液直接倒在头上

不少人在洗发时，为了图简便省事，将洗发液直接倒在头发上。其实这样容易使洗发液集中滞留在头发上的某一部位，不易冲洗干净。最好的做法是将洗发液先倒入手掌，揉搓均匀后涂到被温水浸湿的头发上。

● 头发泛黄是天生的

头发渐渐变黄与阳光和烫发剂有关，但并不是天生的，或不可能改变的。其实，只要摄取适当营养，避免过度日晒、烫发、染发，头发色泽仍可改善。

阳光中的紫外线会破坏存在于头发皮层中的黑色素，而使头发褪色变得枯黄、无光泽；强碱性的烫发剂也会致使头发变色。所以，防止头发泛黄的关键在于避免过多日晒和烫发。

洗发时用指甲抓头

有些人认为头皮边洗边抓，既可以去除头痒，又能够将头皮洗得更干净。实际上这种做法只会刺激头皮，而产生更多的头皮屑。正确方法是用指腹轻柔地按摩，这样既可止痒，又可促进血液循环。

有些人还习惯大力搓洗发丝，这很容易损伤头发。最好用手指轻轻揉搓发丝，再顺着头发生长的方向，将脏的泡沫洗掉，头发自然就干净了。

发质差时不影响烫发

当发质不好时，头发的表面呈多孔状，而烫发的原理又是通过强碱性的烫发剂形成新发型，因此对头发的伤害很大。所以当发质不好时，烫发对头发无异于是雪上加霜。

分叉的头发剪掉就行了

头发开叉剪掉就行了，但这不是治疗的根本，新长出的头发会继续开叉；而防止头发开叉最根本的办法，是让头发健康，而多摄取蛋白质、维生素，使用含有蛋白成分的美发品才能让头发健康不开叉。

护发品帮助头发生长

尽管使用洗发水和其他护发手段，会对头发的质量产生影响，但它们对头发的生长不起任何作用。因为头发从头皮中长出来以后就不再有生命了，这和手指甲的组织相类似。真正有生命力的东西是头发根，它是促使头发生长的细胞群。所以，护发类产品只能使头发的质地暂时变得柔顺，而并不能从根本上改变发质。

将洗发液直接挤在头发上　　洗发时搓洗头发　　减掉分叉头发

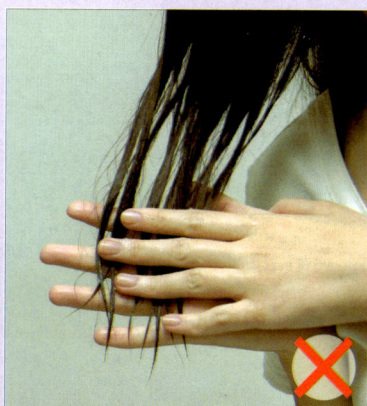

换季如何护理头发

春季气候变暖，头发却越来越毛躁，早上梳头发也容易打结。饱受了干燥冬季影响的秀发变得脆弱不堪，暗淡无光泽又容易分叉。加上春天大风、沙尘暴的坏天气较多，偶尔又有阴雨天，究竟应该如何在春季打理出一头亮泽柔顺的秀发，成为众多女性朋友们烦恼的问题。

如果想防止头发干枯，把失去的水分找回来，最好使用内含氨基酸等滋润成分的洗发水。

1 按摩头皮

洗发时用指腹按摩头皮，按摩的时间稍长一点。

理由：刺激头皮血液循环，帮助发根吸收更多的滋润成分。

2 涂抹护发素

洗发后使用高保湿度的护发素。

理由：特有的滋润物质能附在头发表面，提供一层保护膜，头发所需的水分和养分不会轻易流失。

3 按摩头皮深层护理

头发严重受损，要使用润发精华素或精华油护发进行深层护理。

理由： 特效或深层修复的洗护发产品，能够滋润发丝深层，从而显著改善分叉、脆弱、易断、干枯受损的发质。

风沙天气，头发被吹得杂乱无形，沾染上的沙尘更加剧了发丝间的磨损，要想保持头发柔顺飘逸，要做到以下几点：

1 选择均衡滋润型洗发水

理由： 蕴含维生素或果酸精华，具有使头发弹性丰盈的功能的洗发水，能够加强秀发的内在强韧，增强秀发弹性，抵抗强风侵害。

2 洗发后选择滋润型润发露

理由： 因为滋润成分能附在头发表面，使毛鳞片平整，补平缺损或因洗发而翘起的鳞片，并能为头发提供一层保护膜，让头发表层有效抵御风尘侵袭，大大减少发丝间的摩擦机会。

3 吹风之前先护发

理由： 吹风之前用适合干性发质的护发素可以减少吹风对头发的伤害。卷曲、难定型的柔软发质往往需要长时间吹风，所以对头发的损伤更大，吹干后可在头发上再喷一层定型护发喷雾，对头发是一种保护；如果为粗硬头发定型，则选用摩丝和发胶要比啫喱水管用。

夏季务必防日晒

紫外线不仅是肌肤的杀手，对头发的伤害也不容小觑。另外，由于夏季出汗多，保持头发和头皮的清洁也至关重要。

出门戴顶帽子可以防止紫外线的伤害

坚持每天洗头一次

夏季头皮新陈代谢加剧，油脂分泌过旺，头皮屑出现的概率增加，容易累积脏物并堵塞发囊，从而引起脱发。因此控油是夏季护发最重要的任务，必须通过每天洗头清除多余油质和吸附在头发上的灰尘，保持头皮清洁，给发囊洁净的生长环境，才能预防或减少脱发。

头发也要注意防晒

很多人认为头发是保护头皮的，晒晒无妨。这是相当错误的认识，头发如果经常暴晒，会变得很脆弱，容易折断。尤其是短头发的朋友，头皮更容易直接受到烈日的侵害，导致油脂分泌失衡。市面上有很多声称可以防紫外线、防辐射的发膜，这些发膜有一定的反光作用，但是在烈日下对头发的保护也是微乎其微，因此，最好的办法就是出门记得带伞或遮阳帽。

含硅酮成分的滋养护发品（卡诗）

● 防患于未然

出门前，可以给头发使用含硅酮成分的滋养护发品，让每根头发都受到保护，阻挡紫外线侵袭，防止水分流失。

● 平时经常喝人参汤，可增强头发的抵抗力

人参性平，味甘、微苦，不仅滋补，还有养发的功效。每天坚持喝参茶或是使用含有人参精华的洗护产品，秀发就能拥有更健康的"体质"，以对抗辐射和紫外线。

● 做好晒后修护工作是关键

啫喱状护发泥能为头发输送水分，并锁住头发的水分不流失。每周 1~2 次，让秀发光彩照人。

● 烫染发不宜频繁

夏天是很多女性可以秀出美丽的季节，烫染发频率明显高于其他季节。但是，经常烫染头发及使用对头发有伤害性的化学用品，如定型泡沫及染发剂等都会刺激头皮，有些产品甚至会引起过敏，从而引起不同程度的脱发或加重已有的脱发症状。

喝人参茶给头发从内到外的滋补	涂抹啫喱状护发泥锁住水分	经常使用电卷发棒伤头发

秋季务必防头屑

很多女性都发现，一进入秋季，自己的头屑问题就变得特别严重，一天不洗头，头皮上就会有白白的一层，非常不雅观，但即使每天洗头，也只能够改善一下，并不能根治。虽然现在有针对头屑多的洗发水，但也是治标不治本，每年到了这个时候头屑就卷土重来。

其实，这主要还是气候的关系。秋天气候干燥、空气湿度低、皮脂分泌减少，皮肤失去湿润保护，

会刺激头皮屑的产生，或使头皮屑变得更加严重。那么，怎样在每年这个头屑"肆虐"的季节，预防头屑呢？

用对产品，头屑去无踪

很多女性朋友在发现自己受到头屑侵袭的时候，马上就会使用一些去头屑的产品，但往往达不到自己预想的效果，有时候情况甚至会越来越严重。其实，当我们发现自己的头皮上忽然多了许多头皮屑的时候，最好不要马上更换具有去屑效果的洗发水，而是先到医院或权威发型机构去鉴定一下，自己的头屑烦恼是源于气候干燥还是真菌感染，再有针对性的更换洗发水。

蜂花护发素

洗发水如何选择

大部分洗发水基本都有去头屑的功能，但选择时要依据干性发质和油性发质有针对性的挑选，否则，头屑就会越洗越多。

油性发质的女性最好是选用清爽去屑型洗发水，或者是选择不含护发素的洗发水。因为头发容易出油其实是头皮营养过剩的表现，护发素使用多了，会让出油现象更加严重。所以选择蜂花等简单实惠的洗发水就可以解决出油的情况，出油少了头屑也会随之减少。

对于干性发质的女性来说，头屑多有部分原因是由头皮过于干燥引起的，所以可以选择滋润型的洗发水。另外，头屑多与头皮呈酸性有关系，所以可以尝试碱性的洗发水改善这一情况。

做好头皮的清洁工作

当然，去除头屑最好的方法就是勤洗头。做好头皮的清洁工作，是防止头屑多的最大法宝。值得一提的是，有人认为天天洗头就可以将头皮屑洗干净。其实不然，过多的洗头会减少头皮皮脂的厚度，令皮脂加速分泌，进而出现头皮干燥、头皮屑过多的现象。除夏季外其他季节最好三到四天洗一次头。另外，不要吃刺激性的食物，不要让自己有过多压力也是减少头屑和脱发的关键。

洗头不宜使用凉水或过热的水，凉水洗头首先很难达到清洁的目的，其次会引起头痛头晕的现象。而过热的水更容易刺激头皮，致使头皮分泌过多的油脂。过多的皮脂会和脱落的细胞一起附在头皮上，干燥后变成细碎的头皮屑。所以建议用温水洗头，20度左右最佳。

坚持使用含有活性成分 ZPT 的产品

ZPT 成分，能够减少油脂酸形成，最终抑制或预防头皮屑。

使用护发素时，一定要涂抹于发梢上，切忌过多接触头皮，因为护发素就是修复、闭合毛鳞片的，对头皮没有任何的作用，反而会加重头皮的负担，产生头皮屑。

爱美小贴士

1. 每天使用清洁力强的去头屑洗发水。

理由： 含有活性成分的 ZPT 产品，能够有效抑制头屑再生。

2. 每天使用护发素。

理由： 使用清洁力强的洗发产品，再使用护发素，头发会变得更柔顺洁净，不利于头屑滋生。

冬季务必防静电

冬季的干燥、低温、寒风，以及室内的暖气都会带走头发的水分和营养，使发质变干、变脆，失去光泽不易打理。再加上帽子、头巾和头发的"亲密接触"，发丝因物理性损伤更脆弱。大风及其带来的干燥气候，会使头发产生静电，而造成头发打结发涩、蓬松杂乱，难于梳理。所以，冬季护发，要注意以下几点：

● 冬季如何洗护头发

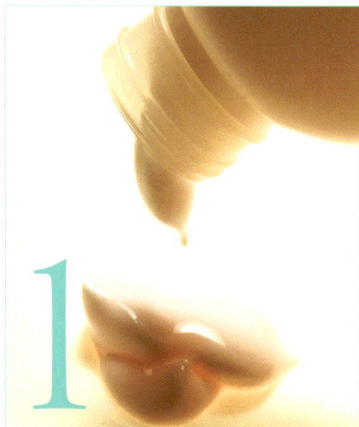

洗发后一定要使用护发素

　　理由： 护发素的有效成分能使头发外表活性物分子定向排列，令头发的纤维电荷减少，电阻降低，形成一层抗静电的保护膜使头发滋润、柔软、顺滑。

爱美小贴士

护发素只能在一定时间内对头发进行养分补给，一旦超过有效的时间，非但不能滋养秀发，还容易使其打结，造成分叉、干燥。所以，洗完头发后，一定要将护发素冲干净。

使用牛角梳或木质梳

　　理由： 纯天然的材料不易产生静电，可以帮助按摩头皮，促进血液循环，有利于头发生长。而塑料或金属梳子，很容易与干燥的头发相吸，而产生静电。

爱美小贴士

洗头发和吹湿发的时候，最宜使用宽齿扁木质梳将湿发梳顺，这时候用其他的梳子对头发的摩擦较大，容易令头发打结、折断。

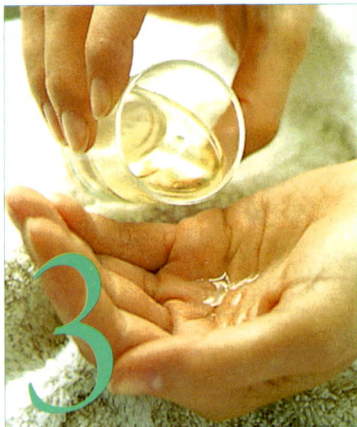

先护发后洗发

理由： 先抹上免洗护发素或啫喱水，因为湿润的头发能够让静电消失，再洗时，头发不易打结，也不会产生静电。

被帽子压住。

● 冬季如何让秀发不受暖气的伤害

在有暖气或空调的房间里，不妨每隔两个小时就用免洗润发露滋润一下发梢，让滋养成分在发丝表面形成一层透气保护膜，能够有效防止水分流失。

也可以尝试在室内使用加湿器，或定期在室内喷洒一些清水，保持室内湿度在 60% 左右，以减缓发丝内水分的过快蒸发。

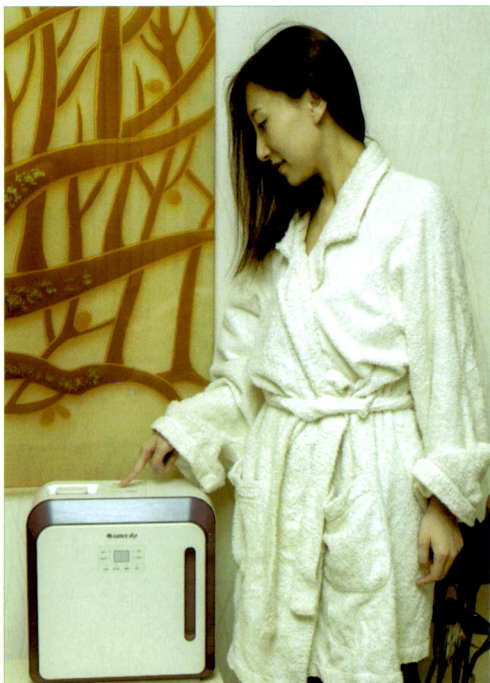

在寒冷的冬季，头发很容易受到冷风的吹袭和帽子摩擦的损伤，因此，定期进行护理性的热敷对头皮和发梢是相当重要的，这种方法可以减少头发开叉现象，并持久保持发根湿度。

爱美小贴士

● 冬季如何选帽子

冬季选择帽子，也有大学问，切忌选择用羊毛或绒毛做成的帽子，这种不透气的材质，容易使头皮滋生更多头屑，最好选用棉质的帽子。而帽子的大小，也要适中，不要太紧，避免在脱帽子时因摩擦产生静电。如果你的头发比较长，还可以先用手把头发理顺，整理成一个松松的马尾，再戴上帽子，以免乱发

加湿器可增加空气湿度，滋润秀发

一年四季通用的护发基本功

必会护发基本功

● **微波炉加热精华素**

你肯定早就习惯了每次洗发后用护发精华素，但是它的效果并不是很让你满意。试试看把精华素放进小瓷碟子里，再用微波炉加热三分钟后取出，涂在湿润的头发上。此种方法要让头发保持半潮湿状态，再涂上精华素后仔细按摩五分钟，之后再洗掉。同样的方法也适用于发膜使用，试试看你会发现经过加热后的护发精华会让秀发加倍光泽。

● **橄榄油让秀发滋润闪亮**

晚上临睡前将适量的橄榄油涂抹在头发上，均匀揉开，让橄榄油布满所有发丝，然后带上纯棉质地的睡帽。第二天清晨将头发正常清洗干净，你会发现头发充满了健康的光泽。

涂抹橄榄油

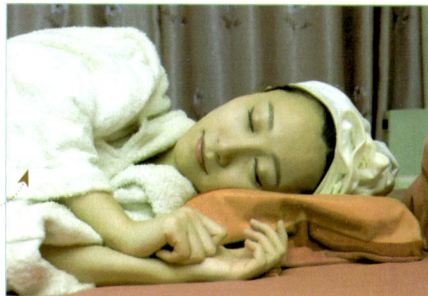
带睡帽睡觉

● **温水洗发 + 冷水冲发**

洗头发时，记得用温水洗发，因为洗发水的功效在温水时最佳。而过热的水会刺激头皮，且不利于头皮对产品营养的吸收。当用温水将洗发水与护发素完全冲洗干净后，再用凉水冲洗一遍头发，会使洗后的头发更有光泽。

● **"拉伸着吹"会让秀发产生光泽**

吹头发不止是为了做出发型，吹出质感也很重要。简单的发型如果富有光泽，会使头发看起来很有质感。而让头发秀出光泽的时机是当头发八成干的时候，根据头发的张力吹风，头发的表面就会很有光泽。

具体方法是：等到头发在八成干的时候，随意的把头发分开，用中指和食指夹住（或梳子）一缕头发，凭借发根的张力吹，吹时吹风机从上向下呈 45 度角，会让秀发更柔顺。

● 板刷 VS 圆筒梳的秘密

为自己准备一把猪鬃制成的圆筒梳，用圆筒梳梳头能让头发呈现出良好的弹性，更能展现蓬松的质感。当然，你还需要一把上好的板刷，因为用吹风机吹过头发以后，板刷是最理想的梳发工具，头发表面越平滑，也就显得越有光泽。需要注意的是，金属材质的梳子会让头发越梳越毛糙，尽量不要使用，木质或角质的梳子是最佳选择。

吹风机与头发保持一定距离，拉伸着吹

● 五步让毛糙乱发变得顺直闪亮

1 你需要在洗发时用直发专用的护发产品，它可以让头发舒展顺柔，有助于抚平头发起伏。

2 用干毛巾吸干水分——水分被吸掉越多，头发干得越快，毛糙越少。

3 在潮湿的头发上均匀地抹上一些直发膏，然后将全部头发分成均等的四份（两份拨到前面，两份留在脑后）。用发夹将上面的头发夹好，脑后的两份头发拉到肩前。

4 将头部微微前倾，然后用手取一份头发的发根，略用力拉到离发根 30 厘米处。保持拉紧的状态，然后使用吹风机吹干发根。注意吹风机不要距离头发太近。

5 手指抹上少量亮光发乳，再把手放在头发表面平滑移动，以防发丝因静电而起毛。

DIY 护发膜

几千年来，人们将草药和植物混合在一起，并用它们来护养头发，令头发清爽美丽。下面是一些古老的护发配方，你可以在家里尝试。要记住，配制好之后要立即使用，不能长时间保存。

天然去头皮屑护理

将 2 个鸡蛋、50 毫升矿泉水和 15 毫升苹果醋或柠檬汁混合在一起，慢慢搅拌 30 秒。用它在头皮上按摩，然后用温水充分洗净（热水会使鸡蛋残留在头皮上）。

草本洗发水

用擀面杖或杵将几片月桂树叶在研钵中捣碎，加入一捧洋甘菊和一朵迷迭香。将它们放入水壶中，倒入 900 毫升半温水。等待 2 ~ 3 分钟后，加入 5 毫升细盐。把它们涂在头发上并按摩。最后充分清洗干净。

清爽发乳

将 150 毫升酸奶与一个鸡蛋混合在一起，加入 5 毫升海藻粉和 5 毫升碾碎的柠檬皮。将混合物充分均匀地涂抹在头发上。然后戴上浴帽，等待 40 分钟。再用洗发水洗净。

热油护理

任何植物油都可以作为护发品使用，只要将油稍微加热就可以了。在头皮上抹上少许，然后将它涂抹在所有的头发上，并轻轻按摩。戴上塑料浴帽，20 分钟后摘下。头上的热气有助于油渗透到发干中。然后用洗发水洗发，并彻底清洗干净。

深层护发

将小麦芽精油和橄榄油各 15 毫升加热，轻轻按摩在头皮上。用温热的毛巾包住头部 10 分钟。然后在一盆加入柠檬汁的清水中清洗头发。

使用精油

纯芳香精油也可以用来护发。下列几款精油配方是由著名的芳香治疗师罗伯特·蒂莎兰德创造的。下面列出的精油需要在基础油中稀释，基础油的用量为 30 毫升。

干性头发 9 滴蔷薇木精油、6 滴檀香精油。
油性头发 9 滴香柠檬油、6 滴薰衣草精油。
去屑配方 9 滴桉树精油、6 滴迷迭香精油。
将精油混合在一起，涂在干发或湿发上。保持 2 ~ 5 分钟，然后用洗发水洗发，并彻底清洗干净。

受损发质护理

对于干枯受损的头发，可以在用洗发水洗完头发之后，涂上下面的配方，5 分钟后再洗去。

原料：
⊙ 30 毫升橄榄油
⊙ 30 毫升芝麻油
⊙ 2 个鸡蛋
⊙ 30 毫升椰奶
⊙ 30 毫升蜂蜜
⊙ 5 毫升椰子油

器皿：
⊙ 搅拌器或食品加工机
⊙ 瓶子

充分搅拌混合物，将它倒入瓶中，放在冰箱中保存，在 3 天内使用。

● 欧芹护发泥

这款护发泥能促进血液循环，有助于头发的生长，保持头发的健康与亮泽。

原料：

⊙一大捧欧芹

⊙ 30 毫升水

器皿：

⊙搅拌器或食品加工机

1 将欧芹放入搅拌器或食品加工机中，并加入水。

2 将欧芹搅拌至浓汤状。将它涂抹在头皮上，然后用温热的毛巾将头发包裹住。半个小时后，按常规清洗头发就可以了。

● 迷迭香头发调理水

这款头发调理水是用气味清新的迷迭香制成的，可以作为温和的药用洗发水使用。它能有效地控油，提升头发的自然色泽，对黑发有特殊功效。用洗发水洗完头发后，使用这款调理水，再充分冲洗干净。

原料：

⊙ 100 克迷迭香枝

⊙ 1.2 升水

器皿：

⊙平底锅

⊙过滤器

⊙漏斗

⊙瓶子

1 将迷迭香和水放入锅中加热。用小火煮大约 20 分钟，然后关火冷却。

2 用箅子将汁液过滤出来，倒入干净的瓶子中。放在阴凉的地方保存。用洗发水洗过头发后使用，可以滋养头发，令人神清气爽。

第二章

适合各种脸型的
美丽发型

对于女性来说，并非只有长发飘飘才算美丽。不同的脸型有其最适合的发型，搭配得好便是锦上添花，搭配不好便是画蛇添足。长发、短发、卷发、直发……哪种最适合你的脸型呢？

如何判断你的脸型

脸型，就是指面部轮廓的形状。脸的上半部是由上颌骨、颧骨、颞骨、额骨和顶骨构成的圆弧形结构，下半部则取决于下颌骨的形态。这些都是影响脸型的重要因素，而颌骨在整个脸型中起着尤其重要的作用，是决定脸型的基础结构。

判断脸型的准备工作

1. 将头发撩起，特别是额前的头发，一定要露出发际线。

2. 正面看着镜子中的自己，寻找三个宽度：额头宽度、颧骨宽度、下颌宽度。或者可以把脸全部露出来拍张正面照，用笔在脸上的上下左右两侧对应地画些记号并连接起来，你便得到了一张自己的脸型图。

决定脸型的重要参考值

掌握了这几个数值之后，就可以对照着脸型和分类来找出你自己的脸型了。

脸宽：
脸的最宽度，可以通过比较额头、颧骨、下颌的宽度来确定最宽值。

脸长：
是从额顶到下巴底的垂直长度。

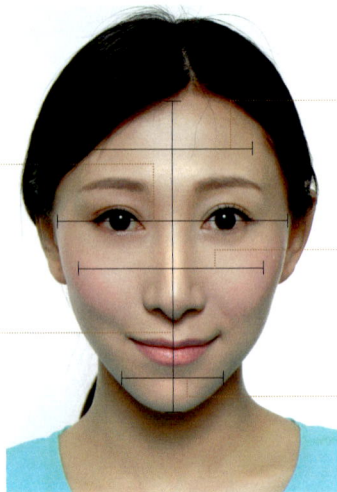

额头宽度
左右发际转折点之间的距离。

颧骨宽度：
左右颧骨最高点之间的距离，它是两颊的最宽点。

下颌宽度：
两腮的最宽处。

常见脸型

蛋形脸

蛋形脸是最理想的脸型，俗称瓜子脸。它的特点是额头宽度与颧骨宽度基本等宽，同时又比下颌稍宽一点，脸宽约是脸长的三分之二。

三角形脸

三角形脸又称正三角形脸，其特征是窄额头、宽下巴。

心形脸

心形脸又称倒三角型脸，特点是额头最宽，下颌窄而下巴尖，下颌的线条特别迷人。

圆脸

圆圆的脸型，会让你显得娇小可爱，但同时也会让你的脸显得肉嘟嘟的。

长方形脸

长方形的脸型上下的落差较大，横向距离又小，且额头较宽。

长形脸

长形脸，顾名思义就是脸型比较瘦长，额头、颧骨、下颌的宽度基本相同，但脸宽小于脸长的三分之二。

正方形脸

方方正正的脸纵向距离比较短，且棱角分明、太生硬，缺乏柔和感。

不同的脸型如何选择发型

发型应修饰脸型

脸型是决定发型的重要因素之一，但不是每个人的头型、脸型都很完美，所以我们在选择发型的时候都会选择能够弥补自己脸型缺陷的发型。根据自己的脸型、头型选择发型，可以让自己更加漂亮、更有活力。

衬托法

利用两侧发鬓和头顶部一部分的头发，改变脸部轮廓，分散原来瘦长或宽胖头型和脸型的视觉。

遮盖法

利用头发来组成合适的线条或面，以掩盖头面部某些部位的不协调及缺陷。

填充法

利用宽长波浪发来填充细长头颈，还可借助发辫、发鬓来填补头面部的不完美之处，或缀以头饰来装饰。

替自己的脸型搭配完美的发型

鹅蛋脸

【脸部特征】

脸宽约为脸长的一半，前额与下颌的宽度大约相同。鹅蛋脸是公认的一个完美的脸型，也有人称其为标准的蛋形脸。从额上发际到眉毛的水平线间距约占整个脸的三分之一；从眉毛到鼻尖又占三分之一；从鼻尖到下巴的距离也是三分之一。脸长约是脸宽的一倍半，额头宽于下巴。

【发型对策】

完美的小鹅蛋脸任何发型都可以尝试。但是，选择最佳发型则要考虑其他因素如身材、年龄、职业、发质、侧面轮廓、两眼之间的距离以及是否戴眼镜等。

圆脸

【 脸部特征 】

圆的外形。前额和下巴的距离等于两侧脸颊之间的距离，也就是脸长度大约等于脸宽度。脸型短而有肉，其脸型的宽度略短于其长度，给人不成熟感，容易显胖。

【 发型对策 】

1. 两侧打薄的短发型。偏分而有层次的刘海能够使脸型看起来修长，并与两侧的头发自然衔接，制造出飘逸的下垂感。

2. 发尾向内，短的层次发型。让头顶部增加发量以增加高度，露出两侧耳朵的短发，高层次的短发会使脸形稍稍拉长，给人以协调、自然的美感。

3. 宽度略窄的短刘海。发型可以采用 6：4 比例的偏分，这样可以使脸型看上去显得窄一些。

4. 在梳妆时要避免面颊两侧的头发隆起，否则会使颧骨部位显得更宽。

直发的纵向线条可以在视觉上减弱圆脸的宽度，所以宜侧分头缝，梳理垂直向下的发型。

【 参考发型 】

1. 高部位盘发；2. 头顶部适当增高的中长发；3. 非对称发型。

小贴士

1. 两侧头发线条要往前。
2. 圆脸型的人最好选择头顶较高的发型，留一侧刘海，宜佩戴长坠形耳环。
3. 短发则可以是不对称或是对称式，侧刘海，或者留一些头发在前侧，遮住脸腮，头顶头发吹得高一些。
4. 避免烫、吹，而采用简单自然的剪法，不能留过长的刘海，否则使人感觉脸更大。如留额前刘海，也要注意少留一点，刘海从发梢稍稍削薄，体现出尖锐感为好。

高部位盘发

正方形脸

【 脸部特征 】

正方形脸，又称国字脸，一般视觉印象脸盘较大，脸部轮廓也呈扁平感，人显得木讷。特点是脸型宽，前额明显很宽，且多角度。下颌很宽又有角。非常强烈的下颌轮廓及脸际线。

【 发型对策 】

要从视觉上拉长脸型。

1.这种脸型的梳妆要点是以圆破方，以柔克刚，使脸型的不足得到弥补。选发型的主要目的是尽量把棱角盖住，使其不至于太明显。

2.一般头发不要剪太短，也不要剪的太平直或选择中分的发型，头发应侧分，且要有高度，使脸变得稍长，并在两侧留刘海，缓和脸的方正。

3.自然大波浪卷发是修饰方形轮廓的最好办法，顶部尽量蓬松，有自然弯曲发梢的偏分刘海，会缓和方形脸坚硬的轮廓线。

4.前额不宜留齐整的刘海，也不宜全部暴露额部，可以用不对称的刘海破掉宽直的前额边缘线；刘海分线，尽量采用侧分，分线从一边眉毛的中间往上斜侧分。

5.两耳边的头发不要有太大的变化，避免留齐至腮部的直短发。

【 参考发型 】

1.波浪式与波纹式超短发；2.波浪式长发。

长方形脸

【 脸部特征 】

脸型较消瘦。

【 发型对策 】

此脸型要用优雅可爱的发式来缓解由于脸长而形成的严肃感。

1.在发型的轮廓上，下半部头发尽量增加蓬松度，头顶切记要服帖，不要再添加蓬度（如果头顶蓬松，只会使脸形看起来更长）。前发宜下垂，使脸部变得圆一些。还

小贴士

1.加强头顶蓬度，重点在于让脸部线条柔和，所以头部处一定要蓬，拉宽脸型的比例。

2.剪短发的话，建议层次要从颧骨的位置开始。

3.由于棱角突出而不具备女性的柔美感，应采用波形来弥补有棱角的感觉，突出脸部的竖线条，促使脸型变圆或呈椭圆形。

4.如果选择长发型，最好是将全发烫成柔软的大波浪，在脸周围形成蓬松的感觉。

5.这种脸型的人最忌讳留短发尤其是超短型的运动头。如果个子矮小不宜留长发的，选择齐肩短发最好。但发式以长发为佳。

波浪式长发

要使两侧的发容量增加，以弥补脸颊欠丰满的不足。

2. 切忌剪超短发。超短发在视觉上会出现拉长脸型的效果。

3. 头发的层次尽量不要修剪得太高。以免让蓬松度集中到上半部，使脸型更狭长。

4. 将头发做成卷曲波浪式，可增加优雅的品位，应选择蓬松而飘逸，整齐中带点小凌乱的发型。

5. 最好是剪成不对称式中长发，即一边头发多，一边头发少，或者一边长一边短。把头发多的一边往上往前吹，形成大波浪以使脸的曲线变得柔和。

6. 还有一种方法是剪两边对称的短发，把两边的发梢往前拉到腮部，以遮盖方下巴，造成椭圆形脸型的视觉效果。

【参考发型】

1. 波浪式长发；2. 分层式中长发。

长形脸

【脸部特征】

脸长比脸宽还要长。脸颊轮廓长又直。高的前额和长的下巴，呈现出特长的长方形的脸。

【发型对策】

一般人见到长形脸的直觉总是忧郁、老成，所以发型的重点就在如何让脸型缩短些，如此才能显得更有活力与朝气。

1. 这种脸型主要是选一个发型使你的脸看上去没有那么长。首先，不要留平直、中间分缝的头发，而且头顶的头发不能太高，否则会增加脸的长度。其次，不要把头发剪得太短，或全部往后梳，可以剪到腮部以上，侧分头发，使脸会显得稍圆。头发也可以长至耳根，此时可以好好地利用刘海，前额稍留些刘海，会使脸显得短。

2. 如果一定要留长发，可以在前额处留刘海，提高眼睛的位置，也可以在两边修些短发，盖住脸庞。

3. 将头发侧分，会增加蓬松感，头

小贴士

1. 要尽量增加下半部头发的蓬度。头顶要服帖，如果头顶蓬蓬的，会拉长脸部的比例。
2. 留任何发型都不能太短。因为剪到耳朵以上，你的脸上面占1/4，下面占3/4，让脸看起来更长。
3. 层次也不要打太高，否则会让脸上半部的头发变蓬，脸看起来更长。

卷曲波浪式

发一边多，一边少，造成鸭蛋脸的感觉。

4. 可用优雅可爱的韩式扎头发 DIY 发型来缓解由于脸长而形成的严肃感。在发型的轮廓上，要避免顶发的丰隆，顶部应平伏，前发宜下垂，使脸部看起来圆一些，同时，还要使两侧的发容量增加，以弥补脸颊欠丰满这一不足。

5. 将头发做成卷曲波浪式，平时可随便盘起，松动而飘逸，整齐中带点凌乱的发型，可增加优雅的气质。

【参考发型】

1. 秀气蓬松式；2. 卷曲波浪式。

菱形脸

【脸部特征】

两颊颧骨较高，上下脸部较窄，前额和下颌轮廓是狭窄的，颊骨略显高和宽阔。

【发型对策】

1. 菱形脸跟长形脸有点相像，所以适合的发型基本跟长形脸一样。一般将额上部的头发拉宽，额下部发头发逐步紧缩，靠近颧骨处可设计一种大弯形的卷曲或波浪式的发束，以遮盖其凸出的缺点。

2. 菱形脸有窄额和窄下巴，中间颊骨处最宽，两眼突出。整个上半部为正三角形，下半部为倒三角形。因此，最适合的发型是靠近面颊骨处的头发尽量贴近，面颊骨以上和以下的头发则尽量宽松，刘海要饱满，可以使你的额头看起来较宽。

3. 短发要做出心形的轮廓，避免短发中层次发型，平直的造型会使脸型的下巴似乎非常尖锐。长发要做出椭圆形的轮廓。

小贴士

1. 下半部的头发要尽量增加蓬度。
2. 如果你是长发或高层次的发型，刘海是必备的，因为刘海能修饰棱角分明的脸型，但如果你要剪低层次的发型，就不一定要留刘海。
3. 菱形脸的人下巴通常比较尖，所以下巴两侧位置要有头发，才能达到修饰的效果。女生最好烫发，做发型时，要将靠近颊骨的头发做前倾波浪，以掩盖宽颊骨。
4. 将下巴部分的头发吹得蓬松些。
5. 应该避免露前额，也不要把两边头发紧紧地梳在脑后（如扎马尾辫或高盘发）。

大波浪式中长发

【参考发型】

1. 不对称式短直发；2. 烫式短发；3. 大波浪式中长发；4. 细密式卷发。

三角形脸

【脸部特征】

前额和颊骨狭窄，下颌轮廓宽阔。

【发型对策】

1. 避免增加下颌轮廓的宽度。适合低层次或发尾卷曲的发型，因为这些都会使下部更圆弧与丰厚饱满。

2. 适合将头发向后梳成宽型在顶部增加宽度，留下几缕发束来修饰脸颊和下颌轮廓。

3. 为了掩盖额头窄小，下巴宽大的缺陷，应当增加头顶头发的高度和蓬松，留侧分刘海，以改变额头窄小的视觉。头发长度要超过下巴，避免短发型。烫成卷发会更好，大波浪式的发梢柔软地附在脸腮，能更好地遮住宽下巴。

4. 两侧发量要蓬松，要用刘海来修饰。正三角形脸因为双颊会比较宽，所以两边的发量要蓬松一点才能平衡过宽的脸型。而头顶尽量避免蓬，重点放在发型下半部的层次，额头两侧必须有刘海，而刘海分线，建议从眉头处开始切分，最能掩饰三角脸的状况。

【参考发型】

1. 直长发；2. 大波浪长发。

直长发

心形脸

【脸部特征】

特征为宽额头，窄下巴。

【发型对策】

发型设计应当着重于缩小额宽，并增加脸下部的宽度。

1. 头发长度以中长或垂肩长发为宜，使脸看起来丰满。

2. 头发上面高而柔，两边蓬松卷曲，最好不要用笔直短发和直长发等自然款式，因为过于朴素的发型会使脸部更加单调。

3. 中缝以四六分为佳，以便减轻上部宽度与下巴的鲜明对比。

短卷发

4. 头发厚重感的卷发，可以让头部看起来更显稳重，去掉轻飘飘的感觉，颈部后面浓密卷曲的秀发，活泼之中显优雅，最容易吸引别人的视线，从而减低尖下巴的薄弱感。发梢蓬松柔软的大波浪可以达到增宽下巴的视觉效果，并更添几分魅力。

5. 避免将整个头发向后梳理，因为这会让你的倒三角形的脸更加明显，留刘海并将两侧头发打薄，避免头发蓬松，如此就不会让人感到上半部脸过宽。

【参考发型】

1. 超短发；2. 短卷发。

特殊脸型的发型搭配原则

虽然很多人的脸型并不完美，但完全可以通过发型来修饰脸型，掩盖脸型的劣势，而达到扬长避短的效果。

低额角	如果你喜欢刘海，必须让前面短，但不能低于发际线，发梢应避开前额向外侧梳。
高额角	留刘海或做波浪状的卷发，使头发遮住一部分前额，发梢应向下梳。
窄额角	沿两鬓向后梳，如果你有刘海或做了波浪卷发，绝对不要让头发延伸到太阳穴前边。
宽额角	发梢从两边向中间梳，用发卷、波浪遮盖住你的一部分额角。
阔额	在太阳穴两侧做发卷或波浪，额前头发梳高。
大鼻子	头发梳高或向后梳，避免中间分开，最好不要做卷发或留刘海。
小鼻子	头发不要向上梳，刘海下垂，遮盖发线即可，不要留得过长。
高颧骨	头发不要梳中分式，两鬓的头发向前梳，超过耳线，盖住颧骨，刘海可略长些。
低颧骨	两鬓的头发尽量向后梳，不要遮蔽耳线，两鬓可以做出发卷，从中间分开。
方颚	在比颚线稍高些的地方做发球、发卷或波浪，使方颚看起来不太尖锐。

第三章
问题头发巧护理

与美容护肤一样，如果头发本身的状态不好，那么很难真的拥有一头让人羡慕的美丽秀发。我们的头发经常会因为不良的饮食、精神状态、健康状况、气候、头发的护理方法、使用的护理产品等原因而出现种种问题，如脱发、出油、长头皮屑、头发干燥、发梢开叉等。

灰白发

黑发变白的原因

精神方面的刺激

忧思过度、恐慌、惊吓，都会造成神经高度集中和紧张，消耗较多的血液，从而影响头部供血，容易导致白发。

遗传因素

如果父母的血统之中有白发者，则多数子女也会生成白发。

身体因素

人体的自然衰老，身体亚健康状态、白癜风、肾脏疾病等也会引起白发。

饮食方面

经常偏食，进食蛋白质太少，造成营养不良，也容易生长白发。

过多的进食高脂肪食物，过度吸烟饮酒，都会影响血管健康，加速其硬化，从不同途径破坏血液循环和黑色素的分泌使头发过早变白。

灰白发的饮食调节

白发在老年人中最常见，是人体变老的一种标志，但是越来越多的年轻人过早的出现白头发，这与日常饮食不合理，缺少某些微量元素有关。因此，改善白发症状时，要特别注意饮食。

1. 富含酪氨酸食物。酪氨酸是形成黑色素不可缺少的物质，如果体内酪氨酸缺乏可能会造成少白头。患者应适当多吃一些鸡肉、瘦牛肉等含酪氨酸比较丰富的食物。

2. 含铜元素食物。白发的出现与体内缺乏铜元素有关，这是因为铜元素在黑色素的合成中起着重要作用。因此，患者多吃一些含铜元素的食物比较好，如坚果类、干豆、谷类、禽类和一些蔬菜、水果等。海产品如鱼虾和动物的肝脏中也含有较多的铜元素。

3. 养血补肾食物。养血补肾的食物可以乌发润发，能帮助白发者改善症状。如黑芝麻、黑豆、黑枣、黑木耳等。缺乏 B 族维生素是造成少年白发的另一个重要因素，应增加这类食品的摄入量，含 B 族维生素较多的食品有谷物、豆类、干果、动物的肝脏、绿叶蔬菜等。

灰白发的预防与护理

1. 压力大是灰白发形成的原因之一，尤其是现在社会的女性承受着来自家庭和社会的双重压力，所以学会心理调节和保健方法很重要，既要会工作会学习，也要会调节会娱乐，劳逸结合，力求保持心情舒畅，避免精神压力，心理上的相对平衡对于防止早生白发至关重要。

2. 坚持体育锻炼，增强体质。

3. 在医生指导下酌情使用维生素、叶酸，中药何首乌、枸杞子、桑葚子等药物，有助于防止或延缓白发的生成和发展。

4. 女人一定要注意补血，特别是在孕期和产后，尤其适合多吃红枣、芝麻、当归。

5. 如果白发不多就暂时不要染发，因为染发会使白发越来越多。如果已经发展到严重影响美观的程度，就选用好一些的染发剂进行漂染，但不能随便使用劣质、便宜的染发剂。需要注意的是染发前不用洗头；因为染发剂是化学试剂，对头发损伤严重，尽量拖长染发的间隙时间，每次染发后一定要用焗油膏护理一段时间；在第二次洗发时，用清水稀释的白醋浸泡头发，达到很好的柔顺效果。

6. 头发长得快的人，白发也容易冒出来。所以，建议不要留直直的长发，头发要有层次感，特别是头顶部分要有蓬松的效果，这样可以掩盖白发。

7. 有白发的女性因为发色的原因能染色彩比较丰富的颜色，如果一定想要淡色的头发颜色，只能在理发店专业"洗掉"头发的颜色再做浅色染发，但后果是头发颜色虽然好了，发质却严重受损，再也无法恢复原来的弹性。所以，建议购买颜色和头发本色比较接近的染发剂，补染方便，色差也不明显。

8. 少烫发。

枯黄发

头发干枯是指头发失去水分和油脂的滋润，而导致头发干枯易折断，发梢出现分叉现象。枯黄发总是给人以缺乏生机的感觉，更会影响头发的造型和质感。

秀发枯黄的原因及预防

原因

1. 头发干枯与人体内脏的功能密切相关。

人体内气血不足，内脏功能失调，都会使头发失去濡养，导致头发干枯。

2. 营养不良。

营养失调，如维生素 A 缺乏，蛋白质缺乏等。

3. 大气污染的侵害。

环境污染、阳光中紫外线的伤害。

4. 化学物的伤害。

如染发、烫发、热吹风等。

5. 不良的生活习惯。

长期睡眠不足、疲劳过度、吸烟过多等。

6. 某些疾病的伤害。

如贫血、低钾等。

预防

1. 注意合理的饮食营养。常食富含蛋白质和维生素 A、B 族维生素的食物。如蔬果类：核桃、芝麻、大枣、胡萝卜、青椒、菠菜、韭菜、油菜、橘子、柿子、甜杏等；肉禽类有：动物肝脏、蛋黄、鱼类等。另外，海带、紫菜等含碘丰富的食品也有柔顺秀发的作用。此外，要少吃糖及脂肪类食物。

2. 常清洁头发，减少大气污染对头发的损害，不用碱性过强的洗发水，洗后使用合适的护发剂。

3. 不频繁地烫发，一年最多 2 次，当发质状况较差时，不能烫发、染发。尽量不用电热吹风吹头发，若使用，吹风温度要尽量调低，吹得时间尽量短。

4. 每 2 个月修剪一次开叉的发梢，每天用梳子将头发梳理整齐，使油脂均匀分布于整根头发。

5. 不用塑料梳，用木梳或骨质梳。夏季注意防晒，防止紫外线对头发的伤害。

6. 保持充足的睡眠，坚持参加体育锻炼。

秀发枯黄的外在护理

六步改善枯黄发质

1 洗发前先以宽齿梳子将头发梳顺，由发尾开始，先将尾端易纠结的部分梳开，再一次从发根往发尾方向梳顺。

2 然后把头发充分打湿，要水温调节在微热的温度，因为热水会让头发变得更加干燥。

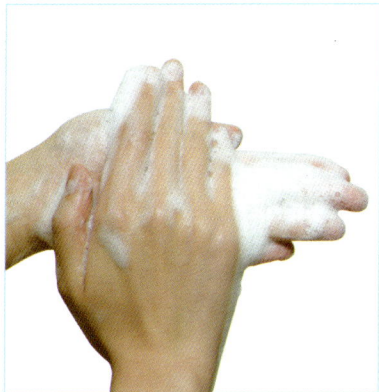

3 将洗发水挤在手中搓揉起泡，并均匀地涂抹在头发上，用指腹轻轻按摩头皮与头发，以温水将泡沫洗去。再重复用一次洗发水的步骤，这次按摩的时间可以延长（约 2~3 分钟）将头发冲干净。

4 取适量润发乳以双手手掌按压涂抹均匀，从发尾开始涂抹至发根，并轻轻按摩发丝及头皮，让护发产品停留在发丝上一段时间，可让养分有效地渗入发丝进行修护。如果想要吸收效果更佳，可以包上热毛巾热敷，让热蒸汽帮助产品渗透发丝。

5 5~10分钟之后用温水冲干净就可以了。冲洗润发乳的目的是为了关闭毛鳞片，这是因为在洗发过程中，毛鳞片会被打开，因此洗去润发乳时的水温，不妨比洗发时稍微低一些，运用热胀冷缩的原理，顺利关闭毛鳞片，发丝才不会受伤。

6 将洗后擦干的头发均匀地分成3束，将秀发护理乳液涂于手上，将手指张开擦入头发，均匀地将乳液涂抹于发丝，从最下面的一束头发开始全部涂抹一遍。将发束置于两手之间，轻柔按摩发束以使头发充分吸收产品。另外两束头发也同样操作。最后用梳子梳理全部头发。

秀发枯黄的洗护原则

选洗发水时，尽量不要选择含有硅的洗发水，防止发囊被堵塞。

在洗头之前一个小时，在发梢擦拭适量的橄榄油。

在抹护发素时不要为了润泽头发，将护发素抹在头皮上，这样会阻碍发根呼吸。

使用吹风机时应距离头发15厘米，以防头发干燥枯黄。

夏季外出时打遮阳伞，或使用适量护发油，防止头发被紫外线过度伤害。

秀发枯黄的内在调理

推拿按摩调理法

指梳头发

两手五指微屈,以十指指腹从前发际起,经头顶向后发际推进。反复操作 20 ～ 40 次。

按压头皮

两手手指自然张开,用指腹从额前开始,沿头部正中按压头皮至枕后发际,然后按压头顶两侧头皮,直至整个头部。按压时以头皮有肿胀感为度,每次按 2 ～ 3 分钟。

提拉头发

两手抓满头发,轻轻用力向上提拉,直至全部头发都提拉 1 次,时间 2 ～ 3 分钟。

干洗头发

用两手手指腹按摩整个头部的头发,如洗头状,约 2 ～ 3 分钟。

拍打头皮

双手五指并拢,轻轻拍打整个头部的头皮 1 ～ 2 分钟。

以上按摩法每日早晚各做 1 次,长期坚持,可防治白发、脱发、头发干燥枯黄等。

爱美小贴士

饮食调理法

营养不良性黄发	主要是高度营养不良引起的，应注意调配饮食，改善机体的营养状态。 鸡蛋、瘦肉、大豆、花生、核桃、黑芝麻中除含有大量的动物蛋白和植物蛋白外，还含有构成头发主要成分的胱氨酸及半胱氨酸，是养发护发的最佳食品。
酸性体质黄发	与血液中酸性毒素增多，也与过度劳累及过食甜食、脂肪有关。 应多食海带、鱼、鲜奶、豆类、蘑菇等。此外，多食用新鲜蔬菜、水果，如芹菜、油菜、菠菜、小白菜、柑橘等，这些食物有利于中和体内酸性毒素，从而改善发黄状态。
缺铜性黄发	在头发生成黑色素的过程中缺乏一种重要的含有铜的"酪氨酸酶"。体内铜缺乏会影响这种酶的活性，使头发变黄。 含铜元素丰富的食物有动物肝脏、西红柿、土豆、芹菜、葡萄干等。
辐射性黄发	长期受射线辐射，如从事电脑、雷达以及 X 光等工作而出现头发发黄，应注意补充富含维生素 A 的食物，如猪肝、蛋黄、奶类、胡萝卜等；多吃能抗辐射的食品，如紫菜、高蛋白食品以及多饮绿茶。
功能性黄发	主要原因是精神创伤、劳累、季节性内分泌失调、药物和化学物品刺激等导致机体内黑色素原和黑色素细胞生成障碍。 此种黄发要多食海鱼、黑芝麻、苜蓿菜等。苜蓿中的有效成分能复制黑色素细胞，有再生黑色素的功能；黑芝麻能生化黑色素原；海鱼中的烟酸可扩张毛细血管，增强微循环，使气血畅达，消除黑色素生成障碍，使头发乌黑健美。
病原性黄发	因患有某些疾病，如缺铁性贫血和大病初愈时，都能使头发由黑变黄。 此种情况应多吃黑豆、核桃仁、小茴香等。黑豆中含有黑色素生成物，有促生黑色素的作用。小茴香中的茴香脑有助于将黑色素原转变为黑色素细胞，从而使头发变黑亮泽。

脱发

随着现代社会的发展，人们的生活压力不断增大，脱发的人越来越多，尤其是脑力工作者。对于女性来说，脱发影响的已经不仅仅是美观了，更会对人际关系、职场晋升、婚恋择偶等产生不良的影响。

脱发的预防与护理

1. 积极舒解工作压力，尽可能多做运动，如瑜伽、慢跑等舒缓的运动，能保持身体血液循环正常，缓解脱发造成的紧张心境，进而有效的预防脱发。

2. 多喝水，多吃新鲜的蔬菜和水果以及含不饱和脂肪酸、铁质的食物，为头发生长提供充足的水分和养分。

3. 洗发时，使用具有舒缓作用的洗发水，既能保持头发的清洁，减少多余油脂，又能促进头皮健康，强韧发丝，还能起到预防脱发的目的。

4. 预防脱发要减少烫发、染发的次数。如果要烫、染头发尽量选用高品质的美发产品，在烫染后做好头发的深层修复和护理，减少发丝受损情况。

5. 预防脱发要少吃刺激性食物，尽量改掉抽烟、喝酒、喝咖啡的生活习惯，同时也避免摄取过多的糖、盐、油等，以免阻碍机体正常循环，使头皮产生过多油脂，导致脱发。

6. 每日在放松时进行头部按摩可以预防脱发，最简单的按摩方法就是双手十指在头皮上向前或向后梳理头发，按摩头皮，以促进头皮的血液循环，帮助毛囊吸收养分，避免脱发。

7. 保持头发的湿润也是预防脱发的一种方法。日晒、空调房都容易造成发丝缺水、干燥、断裂，形成脱发。我们的头发也如皮肤一样需要水的滋润，平日觉得空气干燥时，可以在发丝上喷一些补水喷雾，随时保持发丝的湿润和弹性，能够有效地避免脱发。

脱发的洗护原则

原则一：选用适当的洗发产品

洗发产品大多含有化学物质，选用时必须慎重。洗发产品按形态的不同可分为：乳液状、膏状、粉状和块状。

按原料分为合成型和香皂型。合成型，使用方便、泡沫多、去污力强、柔和、刺激性小、易清洗，不受洗发水温度和水质的影响。含有促进头发松软的羊毛脂表面活性剂、抗硬化剂和去头屑剂等，能结合水中的钙、镁离子，增进头发的弹性和光泽，使头发疏松易梳。香皂型，脂肪酸含量高、呈弱碱性、多泡沫、去污力强，适用于油性头发。原则上宜选用适应皮肤和头发性质的，以弱碱性的为佳。否则，洗发后头发会失去光泽和弹力而变得黯然垂塌，还会导致头发变黄或发红。

干性肤质的人头皮会更加粗糙，头皮屑会更多。最好不要用普通的香皂洗发，因为头发的表面有一层鳞片状的角质组织，如果将香皂直接擦到头上，香皂很容易夹入鳞片状的角质缝隙中，不易被清洗干净而损坏头皮和头发。更不能使用肥皂洗发，因为肥皂碱性较重，如果留存到鳞片夹缝中，角质层会因碱腐蚀而脱落，使头屑大增，头发也更容易受到损害。

原则二：洗发方法很重要

洗发前用发刷刷去头发上的尘垢，先刷头发的表面，然后将头发分层翻起，依次刷发干、发根及头皮，最后再刷周围的发际，这样可以减少洗头时的脱发量。使用洗发水前，用 40℃ 温水将头发浸湿，再将洗发水倒入掌心中揉搓至起泡沫，然后再涂到头发上。洗发时，将双手插入发内，用指尖的螺纹面揉擦全部发根及头皮，发干、发尾则分束用手指夹住轻轻搓捏，待全部搓擦完毕后用温水冲洗干净。如有必要可用少许洗发水再洗一遍。洗发时应用温水慢慢洗涤，如果水温过低，污垢便不易洗净，水温过高会损害毛鳞片。

最后，要保持头发的健康、秀丽，除了每天要精心护理外，最重要的莫过于定时洗发。尤其是夏天，汗液排泄旺盛，更要经常洗发。因为污垢、头屑积累得过多，就会堵塞毛孔，影响皮脂的分泌，妨碍毛发对营养的吸收，使头发变得枯燥，乃至脱发。同时，头发如果太脏还会成为细菌的温床，很容易引发疖疮甚至头皮溃疡。一般情况，中性肤质者，冬天一星期洗发一次，夏天四五天洗发一次；油性肤质者，可相应地缩短至一两天一次；干性肤质者，则要相对于中性肤质者延长一两天。

原则三：注意使用护发素

用清水洗净的头发，可能仍有极少量的洗发水存留在发干或发根上。为了使头发不受碱性侵蚀，可使用护发素，这样就可以更有效地清除残存的碱质，使头发更加柔软光泽。

脱发的饮食宜与忌

宜	多吃含有丰富铁质的食品	瘦肉、鸡蛋的蛋白、菠菜、包心菜、芹菜、水果等都是最佳的治疗食物。脱发或秃头的人，头皮都已硬化，上述的食物有助于软化头皮。
	多吃含碱性物质的新鲜蔬菜和水果	脱发及头发变黄的因素之一，是由于血液中有酸性毒素，原因是体力和精神过度疲劳，长期过食纯糖类和脂肪类食物，使体内代谢过程中产生酸毒素。
	补充碘质	头发的光泽与甲状腺的功能有关，补碘能增强甲状腺的分泌功能，有利于头发健美。可多吃海带、紫菜、牡蛎等食品。
	补充维生素 E	维生素 E 可抵抗毛发衰老，促进细胞分裂，使毛发生长。可多吃鲜莴苣、卷心菜、黑芝麻等。
忌	烟、酒及辛辣刺激食物	如葱、蒜、韭菜、姜、花椒、辣椒、桂皮等。
	油腻、燥热食物	如肥肉、油炸食品等。
	过食糖和脂肪丰富的食物	如肝类、肉类、洋葱等酸性食物。
	过食酸性食物	肝类、肉类、洋葱等食品中的酸性物质容易引起血中酸毒素过多，所以要少吃。

头屑过多

美丽的女人"回眸一笑百媚生",谁也不愿意自己回眸的一瞬间"雪花"四落。满肩满头的头皮屑非常影响美观,甚至会遭到身边人的排斥和冷落。

头屑过多的护理

● 日常护理

1. 调整心态,避免精神焦虑。

头屑及瘙痒的症状与个人常处于精神紧张状态,受情感困扰密切相关,尤其是焦躁情绪引起的心理异常可以说是病变的祸根。若要想解除焦虑情绪,不妨拓宽自己的交际范围,乐观地看待事情,最好学会运用冥想、瑜伽来自我控制情绪。要想方设法使自己处在稳定而宽松的精神状态,摆脱心理上的失衡。

2. 勤洗头,保持头皮及发丝的清爽干净。

无论你是哪种疾病引发的头屑问题,保持清洁都是防与治的首要前提。

3. 减少对头皮的刺激。

不要过度烫、染头发或抓挠头皮,避免过度的紫外线照射。

4. 学会正确的洗护头发的方法和程序。

选择含有效去屑成分的优质去屑洗发水并坚持使用。值得注意的是干性发质的洗护一定要按保湿与去屑并重的原则选择洗发水。

目前药房或超市中的洗发水中,具有去头皮屑作用的主要包括 5 类成分:酮康唑(如采乐:2% 酮康唑)、氯咪巴唑(如康王)、羟基吡啶硫酮锌(如海飞丝、雅芳洗发水)、硒(如希尔洗剂)、煤焦油(如泽它洗剂)等。

● 按摩护理

按摩头皮通常会收到较好的治疗效果。因为通过按摩可使头部皮肤温度升高，加速血液循环，使新陈代谢恢复正常，同时使头皮的附属器官：皮脂腺、毛囊、汗腺等发挥正常功能，使头屑逐渐减少，达到治愈的目的。

1 用双侧或单侧手指与手掌从前额发际处向枕部来回转动按摩，往返做 20~30 次，使头皮有发热感为佳。

2 单手四指（食指、中指、无名指、小指）并拢弯曲成 90 度，从发际处向后轻轻敲打，使头部有轻松感为佳，往返 5~10 次。

小贴士

头皮屑和脂溢性皮炎是同一疾病的两个阶段，特别注意，如果出现下列变化则要留意是否性皮炎。

1. 头皮屑增多伴有瘙痒。
2. 头皮上出现较多灰白色糠秕样和油腻性鳞屑。
3. 伴有轻度红斑或红色毛囊性丘疹。
4. 渗出、结痂。
5. 头皮各处均覆盖油腻性厚痂，同时伴有瘙痒和脱发。

遇到以上这些情况，一定要及时到正规医院皮肤科就诊。

头屑过多的饮食原则

调整膳食结构，合理安排饮食	许多人出现头皮脱屑还与体内缺乏 B 族维生素有关，因此调节饮食结构，改善营养状况，每天口服适量的 B 族维生素和维生素 E，再摄入 50~200 微克硒元素，这些营养物质对消除头皮屑皆有助益。
多吃富含 B 族维生素的食物	维生素 B_2 有治疗脂溢性皮炎的作用，维生素 B_6 对蛋白质和脂类的正常代谢具有重要作用。富含维生素 B_2 的食物有动物肝、肾、心、蛋黄、奶类、鳝鱼、黄豆和新鲜蔬菜等；富含维生素 B_6 的食物除上述外，还有麦胚、酵母、谷类等。
多吃碱性食物	注意碱性食物的摄入。头皮屑过多与机体疲劳有关，疲劳使新陈代谢过程中一些酸性成分滞留在体内，如乳酸、尿酸、磷酸等。这些酸能使血液的质量发生变化，从而造成机体更疲劳。同时，也使头部皮肤的营养受到影响，而多摄入碱性食物可调节体内的酸碱平衡，如水果、蔬菜、蜂蜜等。
多吃谷类食物	谷物类食物对头皮屑具有抑制及治疗作用。尤其是在色谷物类食物，大多含有丰富的维生素、硒、铁、钙、锌等矿物质。而且黑色食物更是对养发补肾很有帮助，很多时候肾亏虚或是损都会导致头皮屑生成的原因。
少吃过甜食品	因为头发属碱性，甜食属酸性，会影响体内的酸碱平衡，加速头皮屑的产生。
少吃辛辣和刺激性食物	因为头皮屑产生较多时，会伴有头皮刺痒，辛辣和刺激性食物会使头皮刺痒的感觉加重。
少吃含脂肪高的食物	尤其是油脂性头屑的人更应注意。因为脂肪摄入多，会使皮脂腺分泌皮脂过多，加快头皮屑的产生。

头皮出油

夏天，不仅脸部容易出油，头发也容易油腻。头发油油的不仅会给人留下不好的印象，同时也会令头发产生异味，令人们苦恼。

头皮出油的原因

头皮出油是正常的生理现象，一定量的油脂会对皮肤起到保护作用，但分泌过量就和青春痘一样成了恼人的问题了。那么，什么是造成头皮发油的罪魁祸首呢？

吃得油腻、辛辣，不良生活习惯

现代人喜好高热量高脂肪含量的食物，吃得油腻、辛辣，这会刺激皮脂腺的分泌。而熬夜、长时间玩电脑、快节奏的生活、高强度的工作压力等，都会影响人体的内分泌系统，加剧头皮出油。

头发洗得太勤也出油

不管头发干净不干净，晚上到家洗次头、早上出门再洗次头成了不少都市女性的习惯。

虽然时间长不洗头会出油，但洗头次数太频繁一样出油。皮脂是根据信息反馈来分泌的，频繁地洗头将头皮上的油脂洗净后，皮脂会收到"缺油了"的信息，然后进一步分泌油脂，这就会导致油脂分泌越来越多，头发越来越油。

选错洗发水不能控脂反而加剧出油

有些洗发水可能没有很好地去脂或控脂作用，尤其是滋润型的洗发水，不仅起不到控油的作用，相反，滋润成分还会加剧出油。

频繁梳头

虽然早晚用手指腹按摩头皮有一定的保健效果，但对于易出油的头皮来说，这样会使油脂被动分散到发干，刺激油脂分泌，加重出油情况。

头皮出油的护理

● 日常护理

1. 油性头发的人最好少吃油腻食品。

尽量多吃一点水果和蔬菜，而且要比一般人多喝水，这样会有助减少皮脂腺分泌。

2. 每天洗头一次。

清洗时一定要选用很温和的洗发水，洗法要正确。每天可用含有苦参的中药洗发水洗头，其具有清脂控油的功效。

3. 护发素最好选用有收缩效能的，有助收缩头皮毛孔从而减少皮脂分泌。

例如，可以用一盆温水把醋稀释，然后用它来冲洗头发，这样做可以减少油脂，并使头发更有光泽；若是使用买的护发素，则要注意应当把护发素涂在头发上，而不能涂在头皮上。

4. 使头皮慢慢放松。

头皮出油大多是由于皮脂腺睾酮这种激素的先天性过敏反应，所以我们要阻止皮脂腺不再受外界刺激，如避免过多地梳理或吹头发，这样还可以防止头皮屑的形成。另外，对头部进行轻轻地按摩，既具有提神作用，又对油性头皮有和缓与安定的作用。

5. 让头发自然晾干。

自然晾干既可以保护头皮和发丝，又可以节省每日做发型的时间。如果长发在空气中需要干燥的时间过长，可用扩散吹风机吹干。吹时要低头用手指揉动发根，这样做还可以使头发更蓬松。

● 按摩护理

1. 按摩手势很重要

使用手掌的根部、指腹及第二指关节按摩，不能用指甲直接抓头皮，这样容易对头皮造成伤害，导致头皮过敏而引起头屑过多、油脂分泌过多等状况。

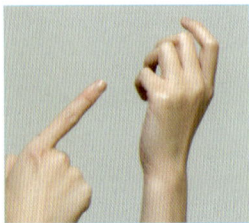 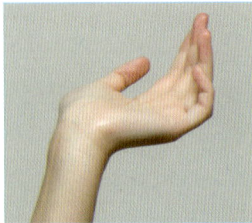 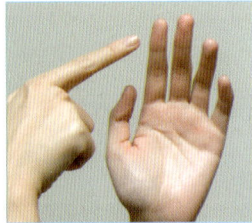

第二指关节　　　　　手掌的根部　　　　　指腹

2. 按摩方法

1 利用指腹按压头皮

按摩的方式如摩擦头皮一般，从前往后、从上往下进行按摩。

2 如握球般手势定点按压

用双掌压住头发，用十指交错定点按压穴位来帮助放松头皮。

3 按压发际位置由前至后提拉

手法是，从两侧的发际开始，往上往后提拉头发。

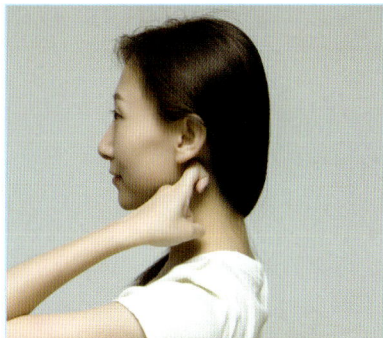

4 用指关节按压耳周穴道

用手指第二关节按压耳周穴位，这个方法可以消除浮肿，解决头部和眼睛疲劳感。

5 用力按摩头顶头皮

用两手指腹犹如把头皮往上抓一般，用压、弹开的手法重复十次。

6 适度地向上提拉头发

像要扎辫子一样，十指插入头发中，向上提拉头发，再慢慢地放下。

7 按摩主要针对容易出油的发际线

手指放在发际线处，慢慢左右移动，此处是激素分泌系统的反射区，比较容易产生油脂，这样按摩刺激有助于油脂分泌的平衡。

油性发质常见洗护问题

油性发质的人，一般头皮的油脂腺分泌也比较旺盛，分泌物是油脂和含脂肪的物质，并迅速地遍布每一丝头发的根部。所以油性头发的人会频繁地洗头发，以解除油腻感，各种洗护问题也随之而来。

问：经常清洗头发是否会伤害头发，使发色变淡？

答：不是这样的。只要你使用的香波质量好，pH值平衡、内含保湿滋润因子，就不仅不会损伤发质，还能锁住头发表层的水分，防止头发褪色。

问：为什么洗发后感觉头发油腻腻的，而头皮却干巴巴的？

答：这是由于头发上的香波没有彻底冲洗干净。残留在头发上的香波会损伤头发，一定要冲洗干净；清洁彻底的头发摸上去应该很清爽。

问：洗发、护发和造型产品是否会在头发上残留有害化学成分？如果会，应该如何去除残留的化学物质？

答：有些产品中的某些成分确实会残留在头发上，从而影响头发对营养物质的吸收。解决这一问题的方法是，用去污性强的香波清洁头发，每两周一次即可。这种香波同时还能去除头发和头皮上沾染的其他有害物质。

第四章

超简单的造型基本功

女人的发型可以千变万化，掌握一些简单的造型基本功，完全可以做到不去美发店，也可以打造出自己喜爱的各式发型，你信吗？

空气感麻花辫

此款略带蓬松感的麻花辫，特别适合发量少的女性打造，不仅弥补了发型单薄的劣势，而且看上去既时尚，又简约。

造型步骤

黑色皮筋；黑色发夹；电卷棒　造型工具

1 将所有的头发用电卷棒稍微烫出卷度，留出刘海，余下的头发分成两部分。

2 用手指由上至下，轻轻左右梳理头发，使其有稍有凌乱的感觉。

3 将一侧的头发如图分成A和B两等份，另一侧头发用发夹固定住。

爱美小贴士

如果你的发量足够多，也可以在造型前不将头发全部烫卷。

4 在A份头发的外侧分出一小缕C发束，随后用A、B、C三股头发编麻花辫。

5 编好一步后，将C发束合到B发束中，从B发束的外侧再分出与之前C发束相似的一缕发束D，用A、B、D三股发束编第二步。

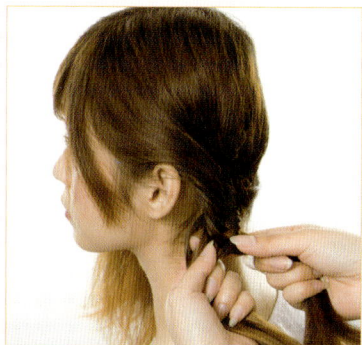

6 编好第 5 步后，重复第 4 步的步骤，如此类推。

7 如此重复直至一侧的头发全部编成发辫，先用手指捏好。

8 编好的发辫，用手指轻轻拉松，使蓬松感更明显。

9 整理好后用小橡皮圈扎好发尾。另一侧的做法相同。

完成

侧面

10 两边的发束都完成后再打造刘海。将刘海用卷发棒向内卷，造出立体感弧度。

服帖的蝎子辫

无论是盘发，还是各种花样编发，蝎子辫往往都是各种复杂造型的基础。只有打好了基础，才能创新和打造出更复杂、更漂亮的造型。

造型步骤

皮筋；黑色发夹

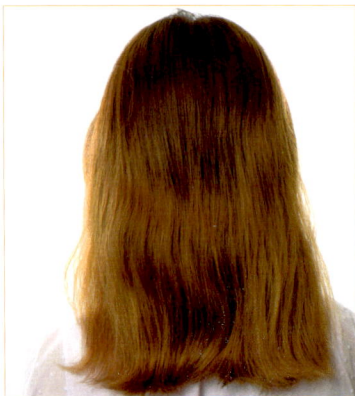

造型工具

1 先将头发梳顺。

2 从头顶处取一束头发平均分成 3 股（由左至右 1、2、3）。

3 最上面一层编成麻花辫，3 在 2 上，1 不动。

4 1 在 3 上，2 不动。

5 从右边取出一小股为 4。

6 2 和 4 合并为 5。

7 5 在 1 上，3 不动。

8 从左上方取一股，为 6。

9 6 和 3 合并为 7。

10 7 在 5 上，1 不动，然后重复第 5 步，继续往下编。

11 编到最下面，两边没有头发了就接着编成麻花辫。把头发稍微拉松一些，让发型看起来不那么死板。

完成

爱美小贴士

因为蝎子辫是将全部发丝逐渐编成一股的编发方式，所以，对于头发短、碎发多的女性来说，并不合适。

简单小巧的丸子头

最基础也最简单的团子头，1 分钟就可以清爽、整洁的出门啦。

造型步骤

松紧发圈，黑色发卡

1 以耳朵为界，保留刘海与脸周的头发。

2 将其余的头发在靠近头顶的位置抓成一束。

3 用松紧发圈系起这束头发，在绕到最后一圈的时候，轻拉发束，保留发梢，做出丸子发造型。

4 整理发型，展开发髻，用黑色发卡固定，让造型显得更加自然、蓬松。

侧面

爱美小贴士

如果你的头发特别顺滑，可以在扎发之前，先用皮筋扎成马尾辫，再依照后面的步骤操作。

立体感马尾辫

很多女孩平时都会选择扎马尾辫，因为这样既利落一些、干练一点，又能节省时间。现在你大可不必怀有这样的想法来选择马尾辫了，蓬松的马尾将成为我们全新的发束概念。

造型步骤

黑色皮筋；尖尾梳

造型工具

完成

1 将头发扎成马尾，马尾的重心控制在耳郭上沿的平行位置。

2 用尖尾梳挑松头顶发丝，推高前额处的发顶高度。

3 以少量发蜡抓取固定，用手中余下的发蜡将两侧头发抓出束感。

侧面

爱美小贴士

如果初学者，对于打造头顶发型的蓬松感掌握不好，可以使用一种叫作"发桥"的造型小工具，来帮助自己打造出完美的头顶发型弧度。

韩式低马尾

韩风的圆筒型发束，让简单的马尾显得利落有型，即使发量较少的人也适合。

造型步骤

皮筋；密齿梳；黑色发夹 造型工具

1 将枕骨以上的头发内侧分层倒梳刮蓬，让后脑看起来更加饱满、立体。

2 保留左、右耳前方各一小束头发，将剩余头发绑成马尾，并将橡皮筋下方头发向下拉让马尾服帖于颈部。

3 分别将两侧发束往后编成细加股辫，辫子不需要编得太整齐，有一些凌乱感更显自然。

4 将编好的细辫子绕在马尾的橡皮筋处，以发夹固定。

完成

侧面

爱美小贴士

低马尾的时尚度与邋遢感是一线之隔，效果不好大部分是层次的关系，最重要的是要拉出后脑上头发的弧度来调整头型，刘海分线不要太整齐，脸庞两侧的头发线条要蓬松些，这样可以修饰脸型。细辫子的线条为发型增添丰富度。

长发瞬间变短发

如果你已经看腻了自己一成不变的长发，不妨给自己做个短发造型试试看吧。

造型步骤

负离子陶瓷卷发棒；小橡皮筋；黑色发夹；宽发带

1 先将有层次感的头发较长的部分抓成一束。

2 然后将黑色的小橡皮筋准备好。

3 将较长的头发发束用小橡皮筋固定，但是最后一圈发尾不要拉出来，也不要绑太紧。

4 绑好头发之后在皮筋上方挖一个圈。

5 将下面扎绑好的头发反向往挖好的洞里塞进去。

6 塞好头发之后，将外面的头发稍微整理一下。

7 然后用黑色的小夹子将头发固定。

8 如果这样就完成的话，正面和侧面的效果是不合格的，所以还需要用到卷发棒。

9 将头部两侧的头发用卷发棒从上面开始往外拉。

10 拉到发尾部分时将卷发棒向内卷，然后顺时针慢慢转动。

11 卷发棒要和头发保持平行这样才会有内卷的效果。

12 后面的头发同样也要用卷发棒弄出蓬松的效果。

13 头发比较长的女性，用卷发棒整理后，前面还会有几缕发丝掉下来。

侧面

完成

14 只要把多余的发丝扭转成一股，接着往后收，再用小黑夹固定住，利索的短发造型就完成了。

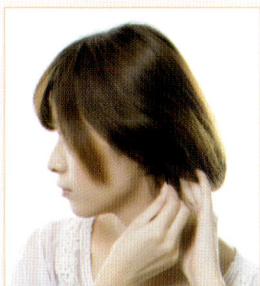

拧一拧！长刘海变短刘海

觉得长刘海太过淑女不够可爱吗？没关系，现在就教你 1 分钟变短刘海。

造型步骤

黑色小发夹，小发夹

造型工具

1 留好足够长的刘海。

2 分出用于刘海造型的头发，顺着耳背的发际线分开即可。

3 分出的头发轻轻拨到一边，用发夹固定。

4 将头发收到手里，像拧麻花一样交叉扭转，刘海想往哪边偏，头发就往哪边拧。

5 拧好后把发束有点弧度地拢向耳后，注意刘海不要紧贴额头，有些空隙和弧度才自然。

爱美小贴士

如果觉得被发夹固定的位置显得不太自然，可以用小巧精美的发饰点缀在需要修饰的地方，以转移注意力。

完成

6 用黑色小发夹将发束固定在
头发的最内层。

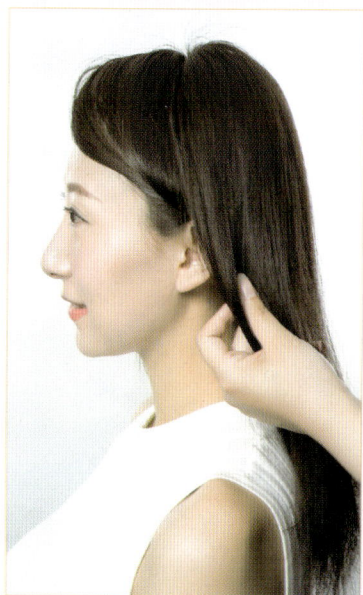

7 把后面的头发往前拉，挡住
发夹。

侧面

清爽灯笼辫

喜庆的新年、欢乐的假期，都应该打造一款有个性，并充满喜气的发型。那么，这款灯笼辫就再适合不过了。

造型步骤

黑色皮筋　造型工具

1 将所有头发以中分的方式，分成两份，并用皮筋绑成两个发束。用手将耳朵附近的头发微微拉松。

2 再在距离第一根皮筋下方，大概8~10厘米的绑上第二根皮筋。

3 将两根皮筋中间位置的头发拉松，使之接近球型。

4 另外一侧的发束也用同样的方法操作即可。

5 重复2~3步将发束扎完。

爱美小贴士

如果想要更多的"灯笼"，可以依序在发束上绑多根皮筋，这样就可以收获更多可爱的小"灯笼"了。

职场气十足的优雅派侧马尾

想把更多的时间花在工作中，又不想蓬头垢面的行走于职场，这款发型既帮你节省造型的时间，又能令你倍显优雅的职场气质。

造型步骤

黑色小发夹；发梳；电卷棒　造型工具

1 跟绑马尾一样，将所有的头发在后脑勺抓成一束，用双手或梳子稍微梳齐。

绑马尾的时候，最好是用双手顺一下头发，而不是用梳子，这样才不会太过整齐或僵硬，如果喜欢蓬一点的，可以再将头发稍微往外拉蓬。

2 在后脑勺中间以左手固定住整束头发，然后右手以顺时针方向扭转头发，扭转大约4~5圈。

扭转的位置是在后脑勺中间偏下方，扭转到最后就会出现一股硬硬的头发。

3 将扭转好的发束往后脑勺左边下方贴近。

顺时针扭转的头发比较顺手的方向是往左下方贴近，如果逆时针扭转头发的话，顺手方向则是往右下方贴近，可依据个人的顺手方向或习惯去调整。

4 当条状头发贴近头皮之后，将它顺势往头发里面塞。

这步骤看起来有点复杂，但其实就是找头发之间的缝隙塞进条状头发，这样条状头发就会被外面的头发覆盖住，而头发也会看起来蓬蓬的。

5 当头发塞进之后，左手先压住固定的支点，再用黑色发夹固定。

用黑色发夹固定的时候，一定要同时夹到紧邻头皮的头发，这样才能固定住，位置找对的话，大概2~4根就可以完全固定住了。

6 固定完成之后，可以再用双手调整头发蓬度，下方发尾可以用电棒卷夹直。

完全用扭转方式形成的侧边马尾，看起来不会像用橡皮筋绑的那么硬邦邦，也可随个人喜好加上其他装饰品哦！

完成

后面

爱美小贴士

如果觉得被发夹固定的位置显得不太自然，可以用小巧精美的发饰点缀，以转移注意力。

长发也灵动，简单的花式拧发

觉得长发沉闷没有朝气吗？简单一拧就可以赋予简单长发俏皮的灵气。

造型步骤

黑色小橡皮筋；黑色发夹　　造型工具

1 从头顶取一小束头发，用细皮筋绑住。

头发不要从正中间取，否则拧完的头发会严重偏向一侧。皮筋绑扎处不要太靠近头皮，应留一些距离。

2 把绑好的发束其中一侧的头发拉松，想将发束往哪边偏，就拉松相应一侧的头发。

被拉松的部分是会在最后被拧成花式的。

3 把发束往拉松的一侧向前面卷，卷到皮筋被头发盖住为止。

卷的要松散随意一些，不要过紧。

4 用黑色的小发夹把发束固定好即可。

发夹固定于拧出来的花下面，以隐蔽发夹。

完成

侧面

免动剪刀拥有刘海

刘海是发型的关键，好的刘海能为发型加分，还能为年龄"减分"。如果你舍不得将头发剪短留出刘海的话也没关系，现在就教你，如何不用动剪刀就能让你的刘海随心变。

造型步骤

黑色小皮筋；黑色小发夹　　造型工具

1 首先，取头顶一部分头发扎起来，这部分的发量多少取决于个人脸型和喜好。

2 用橡皮筋将这束头发固定住。

3 在绑好的橡皮筋前挖一个洞。

爱美小贴士

最后在原本扎橡皮筋的地方，戴上自己喜欢的发饰，不仅可以遮掉橡皮筋，更能增加美观度。

4 将这扎好的发束从后面穿过这个洞，让发辫置于前方。

5 根据自己喜好调整好发尾的长度。

完成

6 根据自己的喜好，将发尾当作刘海一样分区。

侧面

迅速减龄 10 岁！日系最萌编发侧发髻

还记得自己 18 岁时俏皮可爱的模样吗？谁说年近 30 的你不能找回那个年轻的自己！

造型步骤

黑色小皮筋；黑色小发夹

造型工具

1 在头发的一侧，从头顶旁开一指的位置开始编加股辫。

2 加股辫编到耳际上方位置，然后转为编普通三股辫，直到发梢。

3 编好后把辫子盘成花朵状，固定于耳朵上方的位置。

侧面

完成

爱美小贴士

发量少的话，可以把辫子编得松一些，让发花看起来更饱满；发量多的话，要尽可能把辫子编得紧一些，以免发花会过大而影响美观。

公主头升级版三款

每个女人的心里都曾经有一个公主梦，那就让我们先从公主发型开始靠近这个梦吧。

第一款——优雅双边加股辫公主头

造型步骤

黑色小皮筋；黑色小发夹；大发夹 **造型工具**

1 利用尖尾的发梳将中分的呆板分界线分成"Z"字形。

2 将分界线两边上半部分的头发以加股辫的编法编至耳后。耳朵下方的头发则改用三股辫的编法。

3 以齐耳处为上下分界线，将上半部分的头发聚拢后，向侧边扭转，然后用夹子固定住。

4 最后将2条加股辫缠绕在固定好的辫子上，用U型夹固定即可。

完成

后面

爱美小贴士

Z字形的分界，让整个发型显得不死板，双边式的半头加股辫搭配上微卷的发尾，淑女风情的公主式发型让你气质满分。

第二款——甜美扎发公主头
造型步骤

黑色小皮筋；U 型夹

造型工具

1 将头顶的头发左右分开后，先取一侧耳前的头发分成2股顺时针扭转。

2 一手抓住扭转好的头发，另一只手再抓取耳后的一股头发，和步骤1的头发合并一起顺时针扭转。

3 抓好扭转好的头发后，将另外一侧的头发做单股扭转。

4 最后将左右两侧扭转好的所有头发交叉重叠后，用夹子将头发固定好就完成了。

完成

侧面

爱美小贴士

放弃了烦琐的编发，只是用简单的手法将头发分区扭转，即可打造出优雅不失甜美的扎发公主头，修饰脸型又带几分气质感，很适合忙碌的白领女性。

第三款——可爱单边加股辫公主头
造型步骤

黑色小皮筋；U 型夹

造型工具

1 将头发 4:6 分，将发量比较多的那侧的头发分为 3 股，进行编发。

2 采用单边加股辫的编发方式进行编发，在编发过程中记得往侧边倾斜。

3 编至耳朵处时，改用三股辫的编发方式，将剩余的头发编至发尾后用皮筋扎好固定。

侧面

完成

加股辫

按普通麻花辫的方法编一次，然后再取一股与上次三股中的一股合成一股，始终保持三股头发，按此类推，不断按三股先后顺序续接着编。

爱美小贴士

这款发型表现出甜美和青春的形象，又不乏温柔。慵懒的发丝，让整个头型和背影显得更协调，利用优雅发饰的衬托显得更加迷人。耳际两边短短的刘海和头顶蓬蓬的弧度，放在耳前很有修饰小脸的效果，甜美指数直线上升。

用编发当头绳！简约复古精灵头

现在已经很少有人编三股辫了，都觉得"三股辫＝不洋气"。其实才不是呢，三股辫一定是要甩在脖子后面吗？也可以编成漂亮的发绳成为发饰，如果自己的头发够长，就可以用自己的头发做，老气的三股辫，也能变身为洋气的精灵头。

造型步骤

黑色小发夹；大发夹

造型工具

1 掀开表面的头发，取耳朵上方里层的头发编一条非常非常细的三股辫。

2 编好以后，拉到脸的另一边。掀开表面的头发，将辫尾用夹子固定在里层的头发上，再放下表面的头发即可。

完成

侧面

爱美小贴士

三股辫不能太细，否则看起来会显得笨拙而降低气质；此款发型更适合有大波浪的长卷发，更能衬托出优雅、灵动的气质，是直发的你建议用电卷棒做大卷造型。

第五章

个性、有趣的百变发型DIY

时尚靓丽的女性，怎能被一款发型所束缚？出入不同的场合、身处不同的环境，甚至是根据自己不同的心情，都可以随时变换自己的发型。

简单编出复古马尾辫

复古，是永恒不变的流行元素。简单的复古马尾发型，可以瞬间提升你的复古气质。

造型步骤

黑色小发夹；皮筋

造型工具

1 先扎一个位置较高的马尾，根据自己的喜好，可以留刘海，也可以不留。

2 在发尾绑一根橡皮筋固定头发。可根据自己的头发长度来决定橡皮筋的位置，发尾预留十厘米左右即可。

3 将整个马尾向内折。

4 用夹子把发尾的橡皮筋固定在马尾的橡皮筋上，这样会更牢固，并且不易有碎头发掉下来。

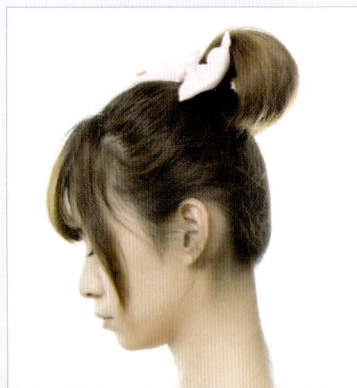

5 然后带上装饰的蝴蝶结或其他款式的发夹，可爱的复古马尾辫就完成了。

爱美小贴士

此款发型更适合头发较长的女生打理，如果头发层次过于分明，或者发型过薄的话，都不适合此款造型。

完成

三款各具魅力的丸子头

丸子头现在已经成为众多女性的最爱了，尤其是炎热的夏天，丸子头发型更是受人追捧。

第一款——妩媚性感的丸子

造型步骤

皮圈；电卷棒；发胶

造型工具

1 将头发前面的中分部分留出来，自然垂下，后面扎成高马尾。

2 用手将马尾卷成蓬松的团子状，然后再用一个稍大的发圈将团子固定住。

3 丸子头完成后，用卷发棒将前面留下的头发稍微卷烫，打造自然卷度。

4 最后用定型产品稍稍打理发尾即可。

完成

爱美小贴士

优雅而慵懒的垂发，显得格外妩媚，无论是日常装扮还是出席晚宴都很适合。

84

第二款——清新俏皮的丸子
造型步骤

发夹；皮筋　造型工具

1 将齐刘海和前侧发都梳理好留下，后面的头发在头顶扎起高马尾。

2 用手抓起马尾辫发尾，另一只手倒梳发辫中间部分的头发，使直发发辫变得蓬松。

3 用手捻着发尾将发辫盘成丸子头的形状。

4 再用发夹在丸子的底部将头发固定好就可以了。

完成

爱美小贴士

齐刘海发型保留了丸子头的甜美可爱。将头发利落扎起，清新俏丽，是夏季日常发型的必选。

第三款——优雅淑女的丸子

造型步骤

发夹；皮筋

造型工具

1 将发丝和刘海留下。头发在头顶处扎起马尾。

2 直接用较粗的发圈固定马尾，并利用发圈打造丸子头。

3 将马尾辫往上拉，用手将头发往四周梳，如此将发丝包住马尾固定处形成一个丸子，用发夹固定。

4 将留下的卷发发丝，用手指将卷成一缕，使造型感更突出。

完成

爱美小贴士

蓬松的丸子头也能打造成甜美淑女范。随意垂下的发丝使整体造型更具淑女气质。

快速搞定晚宴头

下班后，急着去参加晚宴吗？那你一定要学学这款快速、简便的晚宴头。

造型步骤

大发夹；黑色皮筋；卷发棒；发胶

造型工具

1 在盘发之前，先用大号卷发棒把头发烫成大波浪，使头发更有蓬松感。

2 然后将头顶区的头发分出，并固定。

3 从下区的右侧开始，取三股头发，编成三股辫。一直编到发梢，用皮筋固定。

4 在编的过程中，上下依次取适量头发，加入编发中，横向编发，一直编到下区的左侧。注意编发不要太紧，保持头发的蓬松感。

5 将发尾的辫子盘成发髻，并用卡子固定在左侧平行太阳穴的位置。

6 将顶区的头发用倒梳的手法将根部打蓬松，然后将发尾轻轻地收成三股编辫，用皮筋固定。

7 然后将发尾盘成发髻固定在之前发髻的上方，用卡子固定。注意两个发髻要自然衔接，且固定时一定要服帖于头皮。

8 用手将头顶的头发拉松，使之有蓬松的立体感。在离头发30厘米处喷上发胶定型，这样更均匀自然。

9 在头发右侧区域戴上美丽的发饰，整个造型就完成了。

完成

后面

爱美小贴士

这款高贵的韩式盘发立体感十足，能展出女性完美的脸型和精致的妆容，成熟的女人味自然而然地散发出来。

校花我最大，青春洋溢好学生头

怀念美好校园生活的青涩、单纯吗？不妨让自己从"头"体验。

造型步骤

大发夹；黑色皮筋

1 将头发从中间分成两部分。

2 分别绑成三股麻花辫，在发尾约5厘米处绑好皮筋。可以留些刘海，让发型更自然。

3 分别将两条三股辫辫尾向内往上卷，直到卷到自己满意的发辫长度。卷好后，将皮筋固定在发辫中间即可。

侧面

完成

爱美小贴士

如果搭配上一幅宽边黑框眼镜，将更能突显自己的文艺气质。

三款清爽便捷的通勤发

忙碌的工作常常令都市白领女性无暇顾及自己的发型。然而，这三款清爽便捷的通勤发型，绝对不会占用你太多的时间去完成，所以做个美丽干练的职场女性并不难。

第一款——通勤 BOBO 发

造型步骤

黑色皮筋；发蜡　　造型工具

1 把头发分上下层，上层头发用黑色橡皮筋绑成马尾辫子。辫子要稍稍绑歪一点。

2 加上发饰缔造出可爱的感觉。

3 将下层头发用发蜡稍微弄松定型。

侧面

完成

爱美小贴士

淑女气息的通勤发型在办公室内十分适合，加以发蜡定型后，就算是突然要外出办事，也可以轻松保持一整天不变形。

第二款——通勤香蕉发

造型步骤

香蕉夹　造型工具

1 将要梳成马尾的头发全部梳到脑后，用手抓紧要梳成马尾的头发。

2 用香蕉发夹把直发夹起，尽量不要留下碎发，缔造出整齐感。

3 用手把顶部的头发稍微拉出，制造蓬松感，注意不要把头发拉出发夹。

侧面

完成

爱美小贴士

此款发型干净、利索，有种女强人的感觉。清爽的造型就算在炎炎夏日底下也可以适当抵挡炎热的天气。

第三款——通勤花苞发

造型步骤

造型工具

黑色皮筋；发簪

1 把头发分成上下两层，上部分先扎成花苞头。下层头发用黑色橡皮筋扎成马尾辫子。

2 把花苞头放下，和已经扎好的马尾一起再扎成大马尾辫子。

完成

3 把辫子细心地绕上2~3圈弄成半花苞头，插上发簪固定头发即可。

侧面

爱美小贴士

此款通勤发型虽略显烦琐，却可令可爱和优雅并存，搭配上个性十足的发簪，足以令你成为办公室的焦点。

运动风俏马尾

经久不衰的马尾发型最适合喜爱运动的女性，随着身体动作的变化而摆动着，散发出活力四射的美感。

造型步骤

黑色皮筋；大发夹；免洗护发素；电夹板；发抓；梳子 造型工具

1 将刘海随意挽起来并固定在头上，然后在头发上喷上护发素使头发免受理发工具的伤害。

2 使用电夹板将头发拉直拉顺。

3 头顶分出一块 U 形区增加整个头顶的立体感，然后绑扎成一个小发髻。可以根据脸型进行调整，圆脸型可以高一些，长脸型可以平一些。

4 将剩余头发扎成马尾辫，并在前发际处留出一指半宽的头发做最后造型用。马尾的高度可根据需要来自由选择。扎得越高越显动感挺拔，扎得越低越显沉稳端庄。

5 头顶头发横向分份，每束头发散开厚度与梳子同宽，垂直头皮提拉，倒梳让头顶更蓬松。

6 头顶头发拧转，固定到马尾辫的根部。

爱美小贴士

这样的运动型马尾清新又显活力，秀发更柔顺飘逸；蓬蓬的发顶效果，迸发着激情和活力，搭配运动背心和外套就可以出门锻炼了。

7 用发抓固定头发，牢固又简单。

8 将两侧头发的根部打毛，一同斜着梳向马尾辫处。

9 从马尾辫中拿一束头发扭成绳状绕马尾固定，这样即可遮住橡皮筋又可遮住固定头发的发抓。

10 用小夹子将步骤9中发束的发梢固定，如不好固定可将发梢缠在发卡上再固定。

完成

侧面

法兰西式的玫瑰发

每个女生在心底都有自己的一个童话故事，温情的装扮，浪漫的爱情。尤其是那充满法兰西风情的玫瑰发，足以捕获你想要的那份邂逅。

造型步骤

皮筋；黑色小夹子

造型工具

1 把头发在脑后分成三等份，并分别用皮筋绑好。

2 无须拆下皮筋，直接将三份头发，分别编成三股麻花辫。

3 先将一侧的麻花辫顺着发束根部卷成发髻，并用发夹固定。

爱美小贴士

优雅而浪漫的玫瑰发髻，倍显女性的温柔和乖巧。三朵发髻仿佛插在发丝上的三朵玫瑰花，无论是严冬还是盛夏，都抹不去那一抹诱人的芬芳。

4 再将中间的麻花辫顺着发束根部卷成发髻，并用发夹固定。

5 将最后一个发髻也如之前的方式固定好。注意，每个发髻间尽量不要有太大的间隙，最好能每朵发髻的边缘都贴在一起。

6 调整好三个发髻的高度，中间的发髻略低于两侧发髻，呈现出微微的弧度，并再用多一些的发夹将三个发髻固定牢。

7 选择一个自己喜爱的发饰，最好是浪漫色彩浓厚的发饰，固定于头侧。

完成

侧面

清纯甜美的早春发型

春天，是女性们逐渐绽放美丽的季节。早春时节，打造一款清纯甜美的花苞头，再应景不过了。

造型步骤

黑色小发夹；橡皮筋   造型工具

1 先将刘海与脑后的头发分隔开。

2 然后用手将脑后的长发梳理到头顶。

3 无须过多注重脑后头发的整齐凌乱与否，只需用橡皮筋将梳理到头顶的长发固定住即可。

4 用橡皮筋固定头发的过程中，要注意将发尾留在橡皮圈里，以便打造出花苞头盘发发型的雏形。

5 将留下的发尾缠绕在橡皮圈外围并用小发夹固定。

6 然后以相互交叉的方式，用双手拉扯花苞头造型，让其呈现左右错开的造型效果。

7 注意拉扯的力度，既要营造出空气感十足的蓬松效果，又要避免花苞头过于凌乱而不成形。将长发打造出花苞头盘发发型的雏形后，要注意营造出这款发型的蓬松感。

8 将左右错开的发丝整理成近于圆形的花苞头造型。

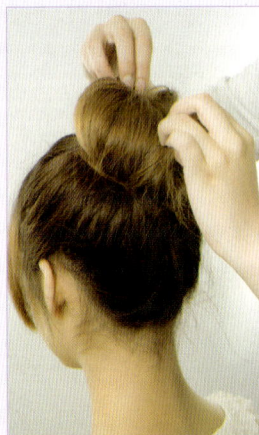

9 将左右错开的发型分别向四周轻微拉扯，让发丝更均匀地分散在橡皮圈周围即可。

侧面

完成

爱美小贴士

为了增添这款发型春天的气息，可以在盘发一侧别上朵美发饰品。

转出特色花式马尾

许多留长发的女性都觉得马尾是最快速的整理头发的方法，但是只扎马尾未免有些太过单调。其实不然，马尾也可以绚丽多变，打造不同造型，展现多面气质。

造型步骤

黑色小发夹　　造型工具

1 用手将全部头发抓到脑后，位于后脑中间的位置最好。

2 将头发向内侧扭转，也就是以顺时针的方向，边转边往右侧倾斜。

3 接着，再把头发往头下方扭转，卷到脖子的位置就可以停下了。

4 一只手固定头发，另一只手将头发上部用发夹固定。根据头发的厚度，可以用多个发夹从不同的角度固定头发。

5 用同样的手法，将发型的中部也用发夹固定。

爱美小贴士

如果头发过于顺滑，无法用发夹固定住也没关系，只要在固定前，在头发上稍微抹一些发胶即可。

6 以此类推，将发型的下部也要用发夹固定，尤其要特别注意发卷与直发交界的位置，要多用一些发夹固定牢，以免发型散掉。

7 整理梳顺发尾的直发即可。

完成

侧面

三款韩剧个性发

很多年轻女性都喜欢看韩剧，剧中女主角温婉可人的造型令人心驰神往。下面就教你打造三款风格不同的韩式发型。

第一款——韩式优雅发髻

造型步骤

造型工具　皮筋；电卷棒；小发夹

1 将长发向与刘海同向的一侧汇拢，同时在另一侧的底部留出少许发丝与侧发汇合备用。

2 将马尾发束于右耳后汇拢后，辫成三股麻花辫。

3 用手指轻轻拉松辫子造型，增加慵懒随意的造型感。

爱美小贴士

可以在刘海与顶发的交界处用发链或细发箍做装饰，增加韩式发型婉约的韵味

4 将麻花辫向上绕圈做成盘发发髻的造型。如果辫子较短，也可以只绕一圈，并用发卡固定。

5 用中号卷发棒将步骤1中留出的发丝打造出卷曲造型，如果头发较长可以尝试螺旋卷，较短可以采用S型卷或J型卷。

完成

第二款——韩式清凉盘发

造型步骤

黑色皮筋；蕾丝发圈

造型工具

1 从刘海根部与顶发交界的位置取出一束头发，发量与剩下头发大约的比例为 3:7。

2 然后将发束分成三股，编成麻花辫。

3 辫子的根部可以较松，然后越编越紧，尾部的 1/3 段尽可能紧实以方便固定。最后用橡皮筋固定发尾。

4 用手指轻轻捏松辫子，可将一些地方的发丝拉松一点，制造出非常自然随意的效果。

5 剩下的头发向辫子同侧汇拢，用花朵发饰扎成歪马尾造型。

6 马尾发尾部分向上挽起，分成几束向不同方向散开，用发卡分别固定，做成类似发髻的效果。如果头发较长，可以在固定前在马尾根部多绕一圈缩短长度。

完成

后面

第三款——韩式魔力辫

造型步骤

黑色皮筋；小发夹

造型工具

1 将刘海和左边的侧发分区，然后将侧发编成三股辫，沿着发际线绕到左耳朵后面，用细橡皮筋和发卡固定。

2 用手指轻轻捏松辫子，让造型更加自然，避免辫子太紧显得过于死板。

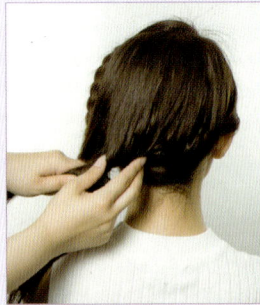

3 右侧的头发顺时针拧扭后，绕着后脑勺向左侧汇拢。较短的头发不能汇拢，可以先不用管。

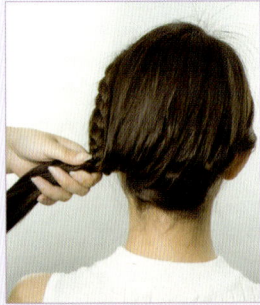

4 将拧扭的发束与左侧发辫以及刘海辫一起汇合固定。这样，大部分的头发都被藏起来了。

5 最后在头发汇聚的地方用一款较大的发饰来点缀，隐藏住发尾杂乱，同时增加华丽优雅气质。

完成

爱美小贴士

刘海部分的头发先抹上少许发蜡，会更容易编成麻花辫。

好莱坞明星式卷发

好莱坞是明星汇聚的地方，当众星云集于聚光灯下的时候，总能发现那永恒不变、历久弥新的经典好莱坞式明星卷发。

造型步骤

大发夹；黑色小发夹；发胶 造型工具

1 在头顶中间捋出一束头发，发量要少一点儿，不能太粗。

2 将这束原本向某侧偏的头发反方向折过去。

3 再取刘海部分发束，将两束头发沿着发际线往斜后方扭卷。

4 在这束头发下再加一束等量的发束，同样往后扭卷。

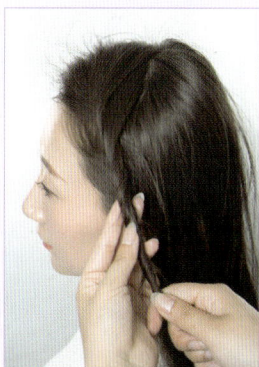

5 待两束头发扭成一股之后，把这两束头发汇合在一起，继续扭卷。

6 再把一束头发加进去，依照之前的方法继续往后卷。

7 以此类推，将头部左侧的头发都卷好。

8 因为还要腾出双手去卷右侧的头发，所以，可以用大夹子将发尾固定在脑后，以避免头发散乱。

9 依照左侧的方法，将头部右侧的头发也全部卷好。

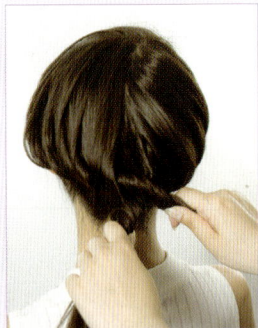

10 将两条卷好的发辫在脑后交叉，交叉的位置在后脑的中部偏下最合适。

11 再将两条发辫朝一个方向扭卷成一个发髻。

12 根据发量的多少，可以用多个发夹从不同角度固定发髻，以免发髻散掉。

13 最后需要整理下整个发髻的蓬松度，既不要太紧，也不要太松。且需要把散落在发髻外的碎头发，用少许发胶归拢好。

完成

后面

爱美小贴士

清爽又高雅，简约而不简单的好莱坞明星式卷发，一定会令你在人群中大放异彩。

卷出瘦脸中分发

脸型圆，脸盘大的女性再也不必因为自己的"大饼脸"而烦恼了，因为彩妆的瘦脸效果有限，所以这款中分瘦脸发型绝对可以让脸盘瞬间精致不少，快来试试吧。

造型步骤

大发夹；黑色小发夹；卷发棒；发胶　**造型工具**

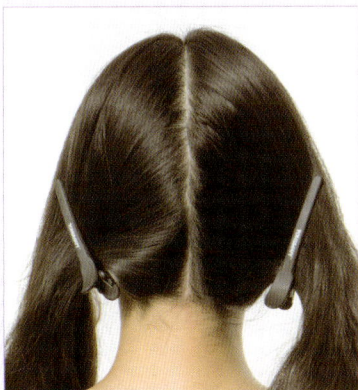

1 将所有头发平均分成左右两份，发缝最好位于头部正中。

2 先把右半部分的头发再垂直分区，刘海不分。可以根据自己的发量，将这部分头发分成4~6份。

3 用电卷棒从发尾开始向内卷至发束中段。根据自己想要的卷度大小，使用不同型号的卷发棒。

爱美小贴士

如果不喜欢中分直缝沉稳、内敛的风格，也可以把头顶的中分直缝，改成"Z"字形分缝，整个造型将会显得更加俏皮、灵动。

4 以此类推，卷好所有头发。

5 刘海也要卷。卷刘海时，卷发棒要向外卷，卷出的花不宜太明显，略有弧度即可。

6 卷好所有头发后，用发胶喷发，可以帮助卷出来的花保持得更加持久，发胶量不要太多，以免造成发型的生硬感。

7 待头发冷却，发胶未完全干透的时候，用手指伸进发根，将头发抖得更加蓬松自然一些。

完成

侧面

恬静淑女风

垂顺的长直发原本就给人以清纯、乖巧的感觉，如果能在长直发的基础上稍微用点心思，文雅的淑女气质便会立刻散发出来。

造型步骤

黑色皮筋　造型工具

1 先把头发梳垂顺。

2 接着在左侧和右侧各取出一股头发，直接使用黑色的橡皮筋扎好即可。

3 发尾往后绕，然后反转拧一圈儿，变成图中的样子。

4 发尾分成两股，拉紧皮筋。

5 按照第二个步骤，同样再取出左右两侧头发扎好。

6 同样，发尾往后绕，然后反转拧一圈。

完成

7 两条一样的辫子发型就编好了。

8 在扎好的辫子两侧，各取出一股头发，与之前扎好的辫子编成三股麻花辫即可。

侧面

爱美小贴士

这是一款很清纯、温婉的发型，非常适合恬静气质的女性，大方又简约的甜美感觉让人不由心生怜爱。

两款温柔、婉约的公主发

拥有一款美美的、像公主一样的漂亮发型，是每个女孩子的追求。如何自己编出温柔、婉约公主发呢？只要你有一头漂亮的长发，就可以打造出以下这两款漂亮的公主发了。

第一款——典雅公主发

造型步骤

黑色皮筋；黑色发夹　　造型工具

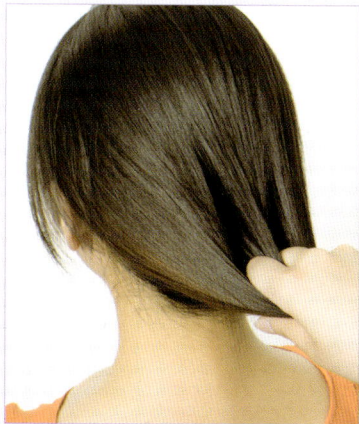

1 先把脑后的头发平均分成三小束。

2 将头发编成三股麻花辫。

3 一直将头发编至发尾。

4 用黑色皮筋加以固定。

5 捏住发尾，将辫子往上卷。

6 卷到发根时，将辫子的发尾塞进去，隐藏好。

7 再用黑色小夹子固定好。

8 根据发量，可以使用多个夹子，分别从不同角度，将发髻的两边都固定好。

完成

后面

爱美小贴士

此款发型更适合年龄在30岁左右的成熟女性，年纪过轻的女性打造此发型会略显老气。

第二款——婉约公主发
造型步骤

黑色皮筋；黑色发夹 造型工具

1 将脑后的头发分成上下两层。

2 再将上层的头发分成三小束。

3 将上层的头发绑成三股麻花辫。

4 一直绑到发尾，用黑色橡皮筋扎好。

5 将编好的辫子往下卷。

6 卷到发根时，将辫子的发尾塞进去，隐藏好。

7 再用黑色小发夹固定好。

完成

8 两边都要固定好，但尽量不要使用太多的发夹，因为半束头发的发髻比较小，很难隐藏好太多的发夹。

后面

爱美小贴士

可以在发髻旁搭配一款精致的蝴蝶发饰，展露出更多的婉约味道。

四款清新脱俗的森女发

森女发向来以天真、自然的风格被大家认可。现在就教你如何动动手就能焕然一新，变成从森林走出来的清新女孩。

第一款——俏丽的森女

造型步骤

皮筋；黑色发夹

1 把左侧头发分成均匀的3份，分别编成三股麻花辫。

2 把编好的3个麻花辫汇在一起，编成一条更大的麻花辫。

3 右侧的头发用橡皮筋绑好，绕成圈，然后用发夹固定住，并制造出蓬松感。

4 左侧再配上一个可爱的发夹即可。

完成

侧面

115

第二款——清新的森女

造型步骤

大发夹；黑色皮筋；黑色发夹

造型工具

1 从左侧刘海根部与顶发交界的位置取出一束头发，发量与剩下头发大约的比例为3:7。然后将取出的头发扎成加股辫，辫子的两侧头发拉开，制造出蓬松感。

2 右侧的头发扎成蓬松的三股辫，然后用夹子夹到头后。

3 把左侧的辫子尾部也用夹子夹到后面，形成一条辫子环绕头部的感觉。

4 在左侧装饰一个花朵或树叶造型的发饰即可。

完成

爱美小贴士

此款森女发不适合头发太长的女性打造，而比较适合中长发。

第三款——宁静的森女
造型步骤

造型工具   黑色皮筋

1 将头发分成上下三层，上两层头发编成蓬松的加股辫。

2 用皮筋绑住辫子尾部。

3 把右侧头发弄顺直、蓬松即可。

后面

完成

爱美小贴士

喜欢卷发的女性，也可以将右侧的头发，用电卷棒烫出喜欢的卷度。

第四款——优雅的森女
造型步骤

黑色皮筋；电卷棒　　造型工具

1 将所有头发中分。

2 取左侧刘海的头发，往下编一个细细的加股辫。

3 加股辫的长度要一直编到与下颌平齐。

4 再将右侧的刘海以同样的方式编好。

5 将两条加股辫绕到脑后，一起用皮筋扎好。

6 整理好头后面的头发，尽量将后脑的头发拉蓬。

完成

7 将后脑中间的一部分头发拉到发辫的外面，以能遮盖住皮筋的发量为宜。

8 用电卷棒将除发辫以外的头发，向内烫卷。

9 最后，将食指插入发根，将头发整理蓬松即可。

侧面

爱美小贴士

此款发型，最好不要搭配任何发饰，越质朴、简单越好。

日式甜美侧花苞

花苞发型既清凉又可爱，打造起来也不费事，是很多女性在夏天的首选发型。那么，现在就来教你一种甜美的日式侧花苞发型吧。

造型步骤

密齿梳；皮筋；U 型夹

造型工具

1 将长发梳向一侧，在耳后用橡皮筋将头发扎成马尾辫。

2 用细齿梳将马尾用倒梳的方式打毛，制造出自然、干燥的蓬松感。

3 这时候发量看上去比之前的要多了很多，而且带有空气感，然后将梳好的辫子扭成一股。

4 绕着头发根部将发速盘成丸子头，盘发的时候要注意丸子头的形状，要整齐美观。

5 用发夹固定好丸子头，顺便调整形状。

6 最后加上较粗的发箍，或者在花苞外扎上漂亮的发圈即可。

完成

爱美小贴士

发量少的女性，可以通过用细齿梳打毛头发的方法，让自己的发量看起来更多更饱满，但由于此种方法是逆着头发毛鳞片的方向梳，很容易造成头发的损伤和打结，所以要特别注意头发的护理。洗发前先涂抹些护发素，让缠在一起的头发更容易梳通，洗发后还要给头发喷上免洗护发素，让头发有充分的时间和养分自我修复，将打毛手法对头发的伤害降到最低。

超级简单的甜美蜜糖发

甜美的女性总是最有异性缘，所以想获得异性青睐的你一定不能错过。

造型步骤

黑色皮筋；大发夹；黑色小发夹

造型工具

1 将所有头发分成上、下两层，并将上层的头发用发夹夹好。

2 把下层的头发转成发髻，发髻的位置要稍微侧向头的右下边。

爱美小贴士

选择一款大花朵造型的发饰搭配在发髻右侧，不仅有助于固定刚刚盘好的造型，还能够增添更多的妩媚气质。

3 用夹子把下面的发髻固定好。

4 把上层的头发散开，再分成上、下两层，并固定好最上面的头发。

5 把其中下层的头发弯向下面的大发髻侧，位置要比大发髻的位置更靠外一些，并盘成一个小发髻，用夹子固定好。

完成

6 把剩下的最上面的头发往内侧顺时针拧转。

7 一边拧，一边把发尾绕两个盘好的发髻外侧，绕半圈，并将碎头发用发夹固定好。

后面

可爱的蝴蝶仙子发

美丽的蝴蝶在空中翩翩飞舞的样子，相信一定能够让人过目不忘。

造型步骤

黑色皮筋；黑色小发夹

造型工具

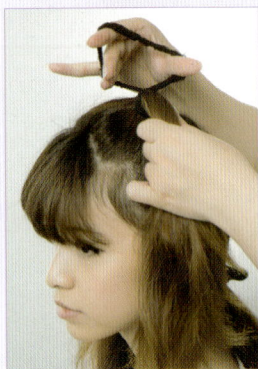

1 取头顶部的头发，于脑后用橡皮筋扎好，发量控制在所有头发的 1/3 左右为。

2 橡皮筋绕第二圈的时候，发束不要全部拉出，绑成发髻。

3 橡皮筋绕第三圈的时候，把刚刚的小发髻分成两份，橡皮筋只绑其中的一半。

4 用发夹将蝴蝶结翅膀内侧的头发，和头上原有的头发固定在一起。注意不要让发夹露出蝴蝶翅膀外。

5 另一侧的蝴蝶翅膀也用同样的方法固定好。

6 一个完整的蝴蝶结就做好了，但是整个发型还没有完成。

7 将没有扎起来的头发平均分成上、下两层。

8 用其中上层的头发，盖住第一只蝴蝶结的发尾。

9 再用同样的方法绑出第二只蝴蝶结。

10 以此类推，用最下面一层的头发盖住第二只蝴蝶结的发尾，并绑出第三只蝴蝶结。

完成

11 最后分别整理好三只蝴蝶结，并整理好翘起的发丝，从上到下，逐渐变小即可。

侧面

爱美小贴士

三个发束就像落在青丝上的三只蝴蝶，活灵活现，仿佛随时有可能飞走一般。

125

小清新的侧马尾

如果你喜欢都市小清新的风格，就快来尝试一下这款侧马尾造型吧，不仅非常的简单易学，还可通过变换发饰营造出不同的效果。

造型步骤

黑色皮筋；黑色发夹　造型工具

1 在左右两侧分别取一发束编成简单的三股辫，编完后将全部头发偏向右侧扎成马尾。

2 从马尾中取一条发束在马尾系橡皮筋的位置绕圈。

3 绑好马尾之后，在头顶处稍微拉松，营造蓬松感。

4 两侧的头发也稍微抓松。

5 如果想要增加甜美感，可以适当搭配一些发饰。比如，带有波西米亚风格的发带，更能增加清新气质。

爱美小贴士

一分钟就可以打造出这款小清新的侧马尾造型，清新风中带点小俏皮，让你更受欢迎。

完成

6 发带戴在刘海的分界线上，并稍微调整好。

7 马尾上也可以配上一款小清新的发饰。

甜美韩式侧马尾

想拥有一个甜蜜浪漫的约会吗？这款侧马尾的造型一定会为你的甜蜜指数加分。

造型步骤

电卷棒；黑色小发夹；大发夹；电卷棒；免洗护发素

造型工具

1. 将所有头发全部整理整齐，如果有些毛躁可以用免洗护发素打理平顺。

2. 用电卷棒将发尾部分烫出更加清晰的卷度。建议每次卷发取一小缕即可，不要太多，这样可以让卷度更加明显和自然。

3. 将所有头发分成上下两部分。留出两侧的刘海，这样看起来更柔美。

4. 将头顶的发束固定好，然后将下半部分的头发拧转向内卷曲好，用发夹固定住。注意卷的时候不要太靠近头发根部。

5. 下层头发固定到耳后时，再将上层的头发混入下半部分的头发中去，以每卷一圈便固定一根发夹的方式固定好。

6. 卷好所有头发后，将发尾的位置固定在后脑勺的部位。

完成

7 根据发量的多少，可以用多根
发夹，从不同角度固定头发。

8 留下部分的马尾，用装饰发
夹卡装饰好即可。

后面

爱美小贴士

蓬松挽于一侧的侧扎发造
型，显露出妩媚又性感的
女性形象，怎能不让心仪
的他心动呢？

两款高贵的公主丸子头

街边的丸子头屡见不鲜，但具有公主风格的丸子头，你试过吗？

第一款——贵气公主丸子

造型步骤

电卷棒；黑色皮筋；黑色发夹；定型喷雾

造型工具

1 分出刘海区域头发，其余用扎马尾的方式束起，要留出2/3发尾。

2 用中号电卷棒把步骤1留出的发尾部分微微盘卷到发圈绑扎的位置，然后用发卡加以固定，再用手指抓松。

3 将刘海部分一分为二，用电卷棒微微做卷。

4 再用定型喷雾稍做定型。

5 将其中一边的刘海卷起后，用发卡固定于头顶靠后的位置。

6 将另一边的刘海松松地卷起后，用发卡固定于头顶靠前的位置，整个造型就打造完了。

完成

侧面

爱美小贴士

配合发型,根据不同场合的需要搭配不同的服饰和彩妆,将会更大限度地发挥出此款丸子头的高贵气场。

第二款——甜心公主丸子

造型步骤

造型工具　黑色皮筋；黑色发夹

1 在前额的斜侧留一缕比较长的头发，把其他头发全部绑起来梳成利落的高马尾辫。

2 然后把留出来的头发，编成三股麻花辫。

3 把这个麻花辫横过额头到头另一侧，并用夹子固定好辫子的发尾。

4 后边的马尾分成两份。用其中的一份朝向一个方向卷，绕着辫子根部卷花苞，一边卷一边用夹子固定。

5 把另一分头发也卷起来，朝前一个花苞的反方向转花苞。

6 用夹子把这两个花苞固定整理好即可。

完成

爱美小贴士

其实这只是一个基础花苞头的变形，巧妙的小心思在生活中无处不在，你也可以自己装饰制造出属于自己的那份别样风情。

第六章

优雅的盘发

盘发即把头发盘成发髻，盘发已经可以演绎出各种不同年龄、不同个性、不同气质女性的万千风情。种类丰富的韩式盘发就为我们展示了俏皮、柔情、坚毅等各种女性特质。

两款简单、实用的空气感盘发

发量少的女性，再也不用担心做出的盘发不好看了，通过一些简单的技巧，你也能够让自己的发型看起来更饱满。

第一款——空气感整盘

造型步骤

黑色皮筋；黑色发夹；丝袜（最好是跟发色相近的）

造型工具

1 将丝袜趾尖的部位剪掉。

2 将丝袜翻转，卷成一个圆环。

3 扎起马尾，根部可以选在脑后或头顶任何你喜欢的位置。将马尾辫的发梢穿过丝袜圆环。

4 把发尾尽量均匀的分散开，一缕一缕的向外包裹住丝袜圆环，将发梢塞到圆环下。然后把圆环往下卷，让剩下的头发都包裹在圆环上。

5 用双手将发圈由内向外翻转，慢慢地将头发包裹的丝袜发圈卷到贴近马尾辫的根部，卷的过程中将碎发随时塞进丝袜圈底部。卷到底以后，如果发髻有缝隙，就轻轻地将两边头发分散遮盖住。

爱美小贴士

调整丝袜圆环的大小，可以做出不同大小的发髻，只要稍加创意，你就可以拥有多种风格的空气感盘发。比如留出一缕头发编成麻花辫，缠绕在圆发髻的根部；或者在发髻周围点缀一些漂亮的发饰等。

完成

6 整理好碎发，用细发卡将它们固定在根部。

7 想让发髻更丰满，轻柔地将头发从圆环中不规则地拉出一些，就会有更蓬松的效果。

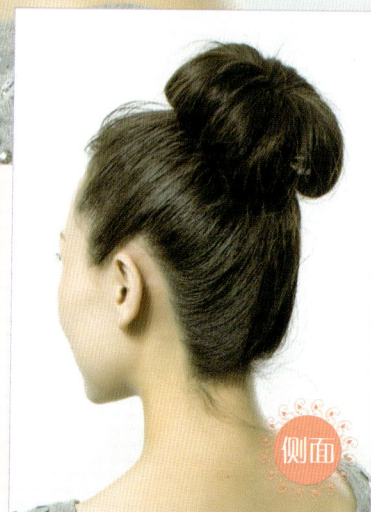

侧面

第二款——空气感半盘发

造型步骤

黑色皮筋；黑色小发夹；电卷棒

造型工具

1 用电卷棒将全部头发向内卷，以使头发更加饱满，易于打理。

2 将除刘海以外的头发全部抓在手中，发束的位置要略低一些。

3 抓紧发束向上、向内拧卷，并随时用发夹在发根固定，以免头发散落。

4 整理好拧起的发梢部分。如果头发长，可以让发梢自然垂下；如果头发短，可以将发梢用发夹加以固定。

5 将刘海按中分或四六分整理好即可，最后可以用好看的发饰加以点缀。

侧面

爱美小贴士

此造型不宜搭配过于烦琐的发饰，如果想要造型显得更加活泼，只搭配一款纤细的发箍即可。

完成

华美秀丽的中盘发

如果你是秀发的造型高手，玩腻了各种单调简单的盘发，那就尝试一下这款精致中略带复杂的中盘发吧。无论是演出妆，还是新娘妆，这款造型都绝对能够烘托出"主人"的强大气场。

造型步骤

黑色皮筋；黑色发夹

造型工具

1 在额前发际线 3/4 的位置，侧分头发。从比例较大的一侧头发中，靠近发际处取出一缕发束。

2 利用这缕发束往后进行鱼骨辫编发，完成后先用发夹固定住发尾。

3 编发部分完成后，将头发打理成较为松散的状态。

4 取额前的头发，往后进行扭捻，像编发一样，一边扭捻一边加入旁边的头发。

5 扭捻至后脑，在耳后用发夹固定，藏在鱼骨辫的后面。

6 将额前比例较少的另一侧头发，连同耳上发际处的头发同样往后扭捻，一边扭一边加入旁边的头发。

7 将其一直扭捻至后脑中间。

8 将步骤5和步骤6扭捻好的两股发束汇合在一起，用发夹固定。

9 从余下的所有头发中，随机取出一小撮发束，编成麻花辫，并先用皮筋扎好，备用。

10 完成后，余下的头发可以以自己喜欢的方式盘起，并用发夹固定好。

11 头发盘好后，将最初编好的发辫盘在发髻上，使发辫细节能被清楚地看见。

12 最后，细心整理好垂下的发丝，使发型更整齐得体。

完成

后面

爱美小贴士

鱼骨辫的扎发

1 先将选好的发束分为两部分。

2 从两部分中各取一小咎头发交叉，然后继续取发交叉，而最先分出的 2 股头发要始终保持不动，只是不停加股交叉。

3 加股的这些头发都是从分出的 2 股发束中挑出来的。

4 这样一直加股编发，鱼骨辫就完成了。

花样高盘发

如果你是具有一定秀发造型基础的盘发高手，就一定要试一下这款花样盘发，它一定会带给你街头最高的回头率。

造型步骤

黑色小发夹；黑色皮筋　　造型工具

1 首先将头发打蓬理顺。

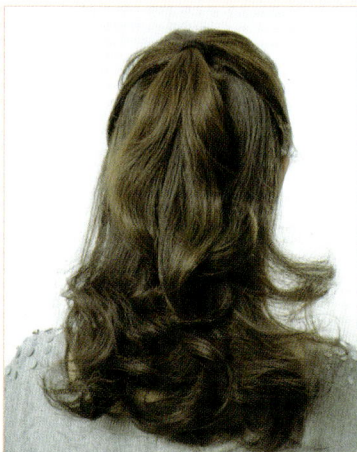

2 将头发分成上下两层，将上半部分头发扎起。

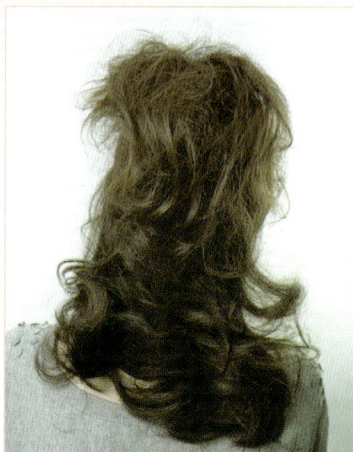

3 将扎起部分的头发用梳子倒梳打蓬。

4 打蓬后，将其分为2股，编成麻花辫。

5 将麻花辫一直编到发尾，越靠近发梢越好。

爱美小贴士

此款造型虽然较为复杂，但这正是此款发型的焦点和个性所在。后脑上部的花苞无论是用花朵发饰装饰，还是用珠链发饰装饰，都别具韵味。

6 将编好的辫子整条盘起。方法如扎丸子头那样，并将发尾收好。

7 开始编下部散开的头发，从右侧开始编加股辫。

8 每编一节，从右手边挑一股头发进去，左手不需要挑。

9 将下部的头发全部编收进去。

10 在编到最后1股时，将左手和右手的头发同时编进去。

11 余下的头发用麻花的方式结尾。

完成

12 将发尾收到头发中去，并用发夹固定好。

13 整理好碎发，可以在之前扎好的花苞上面配上喜欢的发饰。

后面

两款略带慵懒的松散式盘发

盘发的技巧主要在其熟练程度上，只要在平时盘发的时候找到属于自己的习惯和方法，其实盘发是最节省时间，也是最能够展现女性气质的发型了。午后的一缕阳光下，一杯下午茶，一款慵懒的盘发，就能够将女性柔媚的气质散发的淋漓尽致。

第一款——日式松散盘发

造型步骤

黑色皮筋；黑色发夹；定型喷雾 **造型工具**

1 将所有的头发在一侧梳理好，但发梢不要梳理，否则影响后期的卷曲度。

2 将发束逆时针旋转成海螺状。

3 在盘卷的同时，使发梢呈现卷曲状散开，并用发夹固定。

4 完全盘旋完毕后，用喷雾在发梢处稍微做定型处理，并用发夹固定。

爱美小贴士

1 如果你是直发，可以先用电卷棒把发梢烫卷，再按照起始的步骤开始盘发，才能够令造型显得更加自然、慵懒。

2 发髻的位置很重要，从侧面看以与耳朵的位置水平为宜。发髻太高会显得做作；太低又会显得懒散。

5 用手将头发轻微拉出，整理成卷曲状。

完成

6 整理好发髻，利用发梢把所有发夹遮住。

侧面

第二款——法式松散盘发

造型步骤

黑色小发夹；发胶

造型工具

1 将头发拂到一侧，稍稍偏离后脑的正中线。

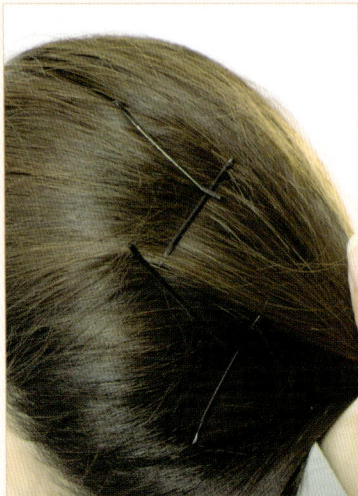

2 从下至上垂直插入一排黑色发夹，发夹互相交错成锯齿状，将头发固定住。

3 用一只手将头发聚拢在一起，顺时针扭紧发束并向上提拉，扭转的头发尽量遮盖那一排发卡。

4 在头发扭转的最后，水平插入发夹，并与最初插入的发夹交叉以稳住发型。

5 将发梢稍做打理，让它们保持蓬松自然，然后喷上发胶。

爱美小贴士

步骤4看上去是最简单的一步，但也是最难的一步。因为，并不仅仅是将头发随便拧起来，拧头发的时候需要注意不能太紧，这样不仅夹子会承受不住而松散掉，发型也会显得太拘谨；不能太松，因为这样不仅遮不住夹子，看上去也很凌乱。拧头发的标准应该是4圈左右，拧的时候微微往下放。如果头发太长，可以多拧两圈并往下放。

完成

侧面

两款用蓬松粉打造的盘发

蓬松粉是目前最流行的一款给头发定型的产品，它可以令头发变成你想要的凌乱和蓬松的感觉，特别适合头发稀疏的女性使用。

第一款——蓬松高盘发

造型步骤

黑色发夹；蓬松粉；皮筋 造型工具

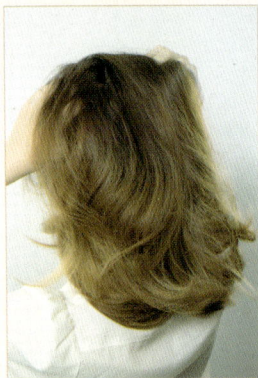

1 取适量蓬松粉于手心，两手相互擦均匀后，十指分开，置于头顶至耳朵上方位置，让蓬松粉均匀附着于头顶以及两侧的发根处。

2 将涂抹蓬松粉后的头顶发丝向上推高，形成带有小弧度的拱状，扭转至脑后，用发夹在发梢处固定。

完成

3 用皮筋将脑后剩余头发绑紧，在皮筋缠绕第二圈时弯折内卷，拉松头发遮住皮筋，形成一个细小发髻即可。

爱美小贴士

蓬松粉质地细腻轻薄，持久清爽、不粘腻，兼具抑制头发出油的功效，能够打造出头发如羽毛般空灵动感的哑光雾面效果。

后面

第二款——蓬松半盘发

造型步骤

黑色发夹；蓬松粉 造型工具

1 两手掌均匀沾满蓬松粉，将包括刘海在内的头顶两侧头发抹匀粉末。

2 以耳朵上方位置为分界线，将上半部分头发置于脑后，并扭转至发梢，用发卡紧紧固定。

3 下半部分同样做扭转状，由下至上扭转到一侧，切记不要与上半部分发卡固定位置重叠，放置一侧形成不对称感，同样用发夹进行固定即可完成。

后面

完成

爱美小贴士

即使是细软的发丝，扁塌、难以打造的发型，蓬松粉也能给发丝提供支撑力，保持不可思议的蓬松且浓密的发量感。

丝巾款高盘发

丝巾是女性最常用的装饰物，除了系在颈部，你能够想象它也可以令发型倍添风采吗？

造型步骤

丝巾；黑色小发夹；黑色皮筋

造型工具

1 把头发全部收拢绑成高马尾。

2 头顶头发稍微拉蓬，使发型看起来更加立体。

3 把马尾以2：1的比例分成两束。

4 发量多的发束，重复做劈开－合起－劈开的动作，直到发束变得随性而蓬松。

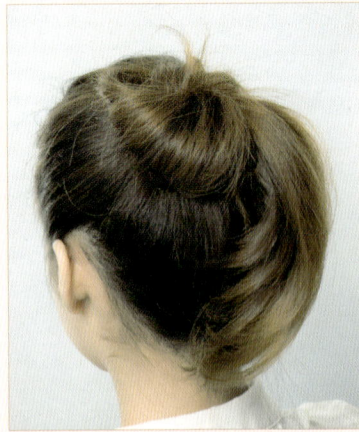

5 把蓬松的发束松松地绕在马尾辫的根部，边缘用发夹固定住。

6 发量少的发束往上拉，编成松松的三股辫，绕马尾辫的根部绕好，并用夹子固定。

完成

7 将小方巾对角卷起，包住发
髻根部。

8 最后把短丝巾打成平结即可，
根据自己的喜好，丝巾的结
可以在发髻的正面、背面或者侧面。

侧面

爱美小贴士

这是一款复古风情的盘发发
型，高角度的蓬松感盘发，充
分利用了丝巾蝴蝶结来降低岁
月感，散发出浓浓的怀旧味道。

两款淑女风清爽盘发

盘发发型可谓是多种多样，下面就介绍两款非常实用的淑女范儿盘发发型。这两款盘发虽然看起来有点复杂，其实操作起来却非常的简单。

第一款——拧转式淑女盘发

造型步骤

黑色发夹；啫喱水；梳子；大发夹；黑色皮筋

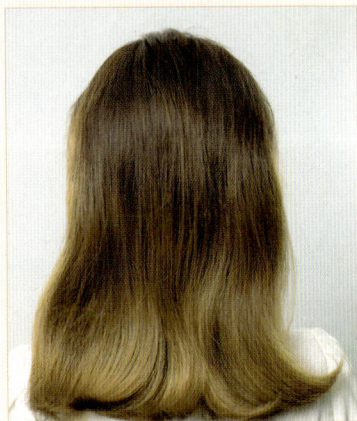

造型工具

1 用梳子将头发梳顺。

2 用梳子梳起一侧头发，朝着一个方向拧捻，要拧得很紧。

3 用大的发夹将拧好的头发固定住。

4 将剩下的头发，如图顺着反方向返拧转。

5 将拧好的两股头发如图，向左交叉。

6 交叉后，两股发束汇成一股，继续向左侧拧。

完成

7 用发夹固定住整体造型，用发卡装饰即可。

侧面

爱美小贴士

上班的时候，可以不用任何发饰，便能够突显出干练的职场风范。下班后只要一支小小的蝴蝶结发饰，就能散发出无比清新、淑女的小女人气质了。

第二款——编发式淑女盘发

造型步骤

黑色发夹；尖尾梳；黑色皮筋；大发夹

1 用尖尾梳画"之"字，将头发均分2份。

2 一侧的头发从头顶开始编加股辫。

3 一直编到发尾，用黑色橡皮筋固定。

4 用手指将发辫拉松。

5 另一边以同样的方法编成加股辫。

6 将发辫从底下往内收进去，并用发夹固定。

7 另一侧的发辫也以同样的方法固定好，注意发尾要全部藏进发辫中。

完成

侧面

爱美小贴士

编发的时候一定要紧，否则整个造型会显得很乱。如果想要更加清新淑女的气质，可以在双侧发辫扎上漂亮的蕾丝发圈。

优雅马尾盘发

马尾给人感觉清爽，又具有活力；盘发给人感觉温润，又知性优雅。那么，你见过二者结合的造型吗？兼具马尾与盘发的优势，稳重中带一点俏皮，活力中又有一丝内敛。你一定不能错过！

造型步骤

黑色发夹；电卷棒；黑色皮筋；装饰用弹簧夹

造型工具

1 抓取头顶的部分头发，用手指轻巧地抓出自然蓬松发感，以八字形捻转（将中间与右边发束集中，以八字形轻轻捻转，再以手指环绕式缓缓收起）后向前推压，创造出头顶的高耸蓬松弧度。

2 将头顶捻转好的高耸发髻以发夹反插固定，记得要将发夹隐藏在发丝中。

3 然后用装饰弹簧夹，将发髻固定在脑后。

爱美小贴士

通过变换发饰的搭配，可以令马尾盘发演绎出各种不同年龄、不同个性、不同气质女性的万千风情。

4 将剩下的头发收起、梳拢，在后颈处束成低马尾，并用黑色皮筋束紧，但不可以绑得过紧出现压迫感。

5 将蓬松的低马尾扭转后向上束起，从绑扎处向下压，从下面掏出，整理好碎发。

完成

6 将脑后的弧度调整、抓蓬松，创造出浑圆的视觉感，以免让发型看起来过于扁平。

7 从绑好的马尾中抽出一小撮发束，将发束微微捻转后扭成蓬松小花状。

8 再用与头顶同款的发夹固定。在固定发夹时一定要夹到低马尾的发髻部分，发束才不容易松脱。

9 最后再用电棒卷把剩余的马尾部分卷起，创造出浪漫卷度的侧边马尾即可。

后面

3分钟打造内卷式盘发

对于造型新手来说，盘发并不那么容易打造。盘得过于紧实，发型容易显得生硬；盘得过于松垮，发型又容易散乱。有时甚至花上半个小时的时间，也不能打造出令自己满意的盘发。现在不用为此着急了，下面介绍的这款盘发，只要3分钟就能轻易搞定。

造型步骤

电卷棒；黑色小发夹；定型喷雾　造型工具

1 先用卷发棒将头发发梢稍稍向内卷曲。

2 从脑后将全部头发向上旋转卷起。

3 然后将头发贴向一侧，发梢多余的头发卷曲并且包裹在发髻内，然后用发卡固定住。

4 整理发型，用多个发卡，从下至上固定好头发。

5 然后将露在外面的发梢和发卡用头发包起来。

爱美小贴士

此款造型，不适合搭配发饰，要的就是这种简洁、大方、稳重、高贵的气质。

6 拉一下周围的头发，使之尽量看起来比较蓬松、自然。

7 如果头发过于顺滑，发夹卡不牢固，或者碎头发较多，发型看起来有毛毛糙糙的感觉，可以喷适量定型喷雾用于固定造型、抚平毛糙。

完成

侧面

棉花糖盘发

轻轻撕开棉花糖，那若有似无的糖丝线条实在美极了！以微卷凌乱的发丝，呈现出棉花糖丝的美感，性感美丽由此发挥至极。

造型步骤

黑色皮筋；黑色发夹；大发夹；尖尾梳；定型喷雾　造型工具

1　先把耳朵前方的头发和刘海部位留出来。

2　将余下的头发分成两部分。

3　将其中一半编成三股辫后绑好固定。

4　把步骤3编好的辫子以花苞头的手法盘起来，并用发夹固定。

5　另一半头发稍拧转包覆住辫子花苞头，以发夹固定。

6　若发量很少，可省略步骤2、3，直接将后半部头发盘成发髻即可。

7 将步骤 1 保留的头发各分出一半以尖尾梳逆刮打毛，呈现出蓬松、微乱的样子。

8 把刮松的发束轻轻往后拉以保留空气感，用发夹固定住。

9 最后整理整个发型，再喷定型喷雾。

完成

侧面

爱美小贴士

此款发型的重点，在于利用预留的发丝包覆盘发，以做出表面蓬松、凌乱的线条感。像棉花糖又像云朵的美丽盘发，搭配上粉彩轻柔的服饰，让你做一个清新脱俗的甜美女孩。

外翻式半盘发

如果你觉得盘发不够飘逸、灵动，扎发又不够高贵、典雅的话，可以尝试一下这款外翻式半盘发。

造型步骤

电卷棒；黑色皮筋；黑色发夹；梳子；定型喷雾

造型工具

1 预留出刘海和脸周的少量发束，将其余的头发分为上、下两层。

2 将下层的头发向上拧起，并用发夹固定。

3 在上层头发的内侧，用发梳倒梳打毛。

4 将步骤2拧起的发髻尾部，也同样用发梳倒梳打毛。

5 将上下两层打毛的头发汇合在一起，并交叉发束。

6 将交叉后的发束调整平衡，并用发夹固定。

完成

7 将脸周预留的发束拢起固定在第6步的发束上,并用定型喷雾喷在发束的发梢部分,用手将发梢适当抓散。

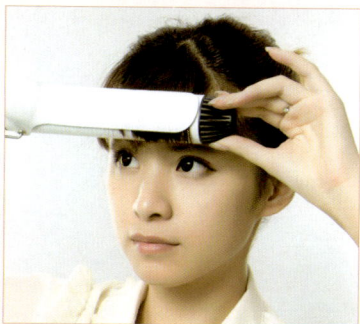

8 用较粗的电卷棒,将刘海的发梢烫卷。电卷棒要将发梢向外卷,以打造出自然的外翘效果。

9 在发束的发根位置配上发饰即可。

后面

爱美小贴士

为了从正面也能看到美丽的发饰,要将发束的发根部位稍微散开,将发饰佩戴在靠近耳侧的位置。

优雅单侧盘发

在这个性张扬的年代，留披肩长发似乎有点沉闷，两边到下巴长度的头发看着有点半长不短。其实只需要稍微打造一下，就可以让平淡无奇的长发焕发生命力，显露出清新脱俗的气质。

造型步骤   黑色皮筋；黑色发夹；大发夹   造型工具

1 将头发以2：8或3：7的比例侧分，留一部分刘海。

2 除刘海外的头发分成上下两层，上面一层的头发扎成马尾，扎的位置要偏向刘海一侧。

3 将留下的刘海往一侧扭出一个贴着头部的发髻，位置应在太阳穴稍后方，并用夹子固定。耳边要留一小撮头发起修饰作用。

4 刘海扭出的发髻要小一点，要和后面的头发有衔接，中间留的空隙也要尽量小一点儿，才会显得精美。

5 将之前扎好的马尾在靠近发髻处盘成丸子头，如果头发太长，可以分束来盘。盘好之后，用夹子固定。

6 把刚才盘好的发髻一边稍微拉低，和耳侧扭好的发髻连接，并用夹子固定。注意，一定要固定牢固。

完成

侧面

爱美小贴士

简约的斜刘海配搭发髻起到了修饰脸型的效果，头后的长发又显得格外清新。此款发型的打造重点在于，大发髻与小发髻的位置需要耐心调整，才能呈现出最好、最自然的效果。

拧卷式高盘发

此款盘发，将紧密感和厚度感完美地结合在一起，非常适合出席各种重要场合。

造型步骤

黑色皮筋；黑色发夹；发卷；吹风机；定型喷雾；发蜡；大发夹

造型工具

1 留出刘海，将后面的头发分成若干份用发卷卷起，用吹分机加热约15分钟。加热时吹风机要不停摆动，以免高温损伤头发。

2 待头发冷却后拆除发卷，并将发蜡涂抹在头发上。

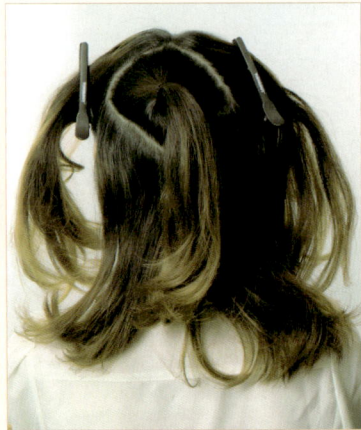

3 分出头后侧中部的头发，扎成马尾，作为盘发的基础。

4 将头后剩余的头发分成左上、左下、右上和右下四部分。

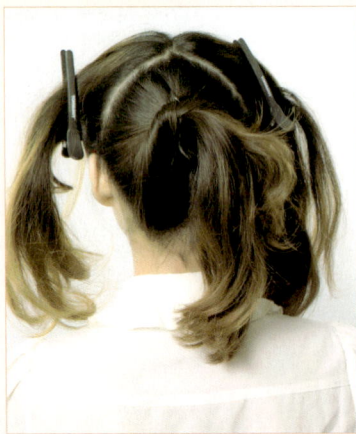

5 将左下侧头发拧向马尾辫的位置，用发夹由上至下插入固定。

6 将左上侧头发也如前法固定。

7 同理，将右上侧和右下侧的头发也分别拧向中间的马尾辫，并用发夹固定。

8 喷少量的定型喷雾于头后，再用梳子将碎头发梳理服帖。

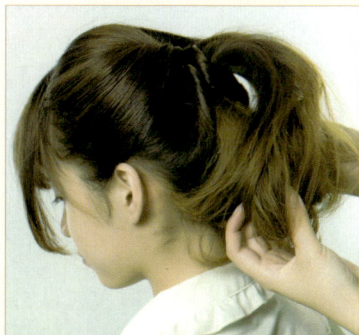

9 用手蘸取发蜡，将马尾辫发梢部分的头发打散，保持发束的空气感即可。

完成

侧面

爱美小贴士

发束拧卷于马尾辫上，使盘发造型更加饱满，富有弹性。定型产品的使用，让后部的头发变得更加顺滑和服帖，增添了华美的气质。顶部被打散的发丝不仅蓬松、饱满，而且在视觉上增加了身高，拉长了身体的线条，显得更加亭亭玉立。

美人鱼式半盘发

所谓的美人鱼式盘发，就是整款发型的尾部很像美人鱼的尾巴，这一类型的盘发可以使你的脸型变得更加完美。

造型步骤

黑色皮筋；黑色发夹；大发夹；电卷棒　　造型工具

1 将所有头发分成上、左、右、左下、右下5份，分别用电卷棒烫卷，这样可以创造头发蓬松的感觉。

2 卷好后，将头发分成上下两个部分，耳朵上面的发量多些。

3 把耳朵以上的头发，以2:8的比例，左右分成两束。

4 将发量少的部分固定在耳朵后面，多的那部分头发扭转成发髻，固定在其上面。

5 把剩下的头发拢向一侧，用卷发棒使发束往内卷。

6 最后在发髻斜下侧带上发饰即可。

完成

后面

爱美小贴士

1 在打理的过程中要掌握好盘发的松紧程度，如果太紧的话就会很不自然。
2 耳朵两边的头发不要剩得太多，否则，发型看上去就会显得很沉重。

俏皮精灵盘发

无论年会还是派对，一款华丽的盘发总能为你加分不少。蓬松立体的高耸盘发，层叠交错呈现出时尚的格调，让你成为宴会中那个最引人注目的小精灵。

造型步骤

黑色皮筋；黑色发夹；大发夹；电卷棒

造型工具

1 将头发分成后脑下方、后脑上方、左右两侧及顶部，共五个区域。

2 分别将头发从发尾至中段，以电卷棒卷上。

3 将后脑下方区域的头发绑成马尾后，再在中段绑上橡皮筋，然后往上卷至发根处以发夹固定。

4 将头顶部区域的发根倒梳、打毛。

5 将刮蓬的头发扭转后，在靠近后脑上方的位置夹住固定，再将发尾收起，并夹住固定。

6 将两侧的头发都绑成细细的对折小马尾。

7 再将两侧的对折马尾，在耳后下方以发夹固定。

8 整理碎发，带上造型发箍就完成啦！

完成

侧面

爱美小贴士

在打理的过程中要掌握好盘发的松紧程度，如果太紧的话就会很不自然。对折式的马尾，巧妙的造型发箍，就能够打造出灵动柔美的简约精灵盘发。

简约风韩式盘发

韩式风格的发型，是女性的最爱。炎炎夏日，怎能缺少了简约韩式盘发的装点呢？

造型步骤

皮筋；黑色发夹

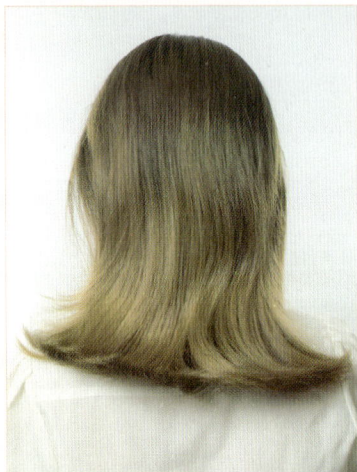

造型工具

1 将头发梳顺，披散下来。

2 取头顶一半的头发，松松地扎起来。

3 将扎好的发尾利用皮筋弯成一个小发揪。

4 把皮筋上面的头发拉松，挖个小洞。

5 将扎好的小发揪反转过来塞进挖好的小洞里。

6 如果头发太滑，可以用发夹固定。

7 将剩余的头发松松地编一个麻花辫。

8 编到发尾,越靠近发梢越好。

9 将麻花小辫向上提起,塞入小洞内。

10 塞入之后用黑色发梢夹子固定好。

完成

侧面

爱美小贴士

做此款发型的时候要注意,无论是扎发,还是编发,都要保持发型的松弛,以免造成造型的生硬感。

唯美风格盘发

经常扎马尾辫，或是披肩长发是不是让你有种过于平庸的感觉，其实想要展现多面气质的你只需要稍微改变一下扎发方式，就可以让平淡无奇的长发焕发生命力，显露出清新脱俗的气质。

造型步骤

黑色皮筋；黑色发夹

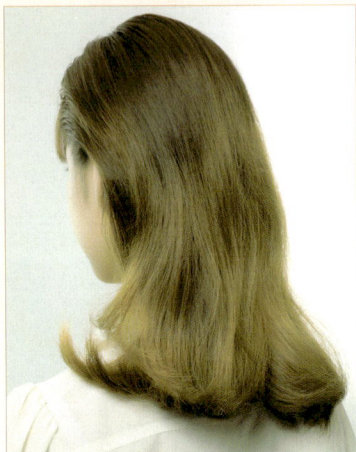

造型工具

1 首先将头发梳顺。

2 从头顶取一束头发。

3 把发束抓紧，从左向右旋转2~3圈。

4 将旋转好的头发用黑夹子固定住。

5 接着取出最左侧的两股发股，先对扭两次。

6 接着每扭一次，都将左侧手边的头发加一股进去进行对扭。

7 一直扭到头顶处垂下的发尾，也将其加进去。

8 接着把右边剩下的头发也逐渐加进去。

9 此时发股会越来越大。

10 右边的头发加完后，接着扭转直至发尾处，收尾。

完成

12 将发尾由下至上翻转上去，用黑夹子固定好发尾处。

后面

13 最后调整一下整体造型，配上喜欢的饰品就完成了。

爱美小贴士

此款发型虽然步骤较多，但都是由基本操作手法组合而成，不用因为繁琐的步骤而心生恐惧。尝试一下，即使第一次会失败，只要多加练习，便可熟能生巧，打造出一款唯美、华丽的盘发。

第七章

美发常见问题

就像身体会生病一样，秀发每日面对紫外线、电磁辐射、经常为了美丽的造型烫发、染发，甚至是不正确的梳头和吹风方法，都会令秀发受到伤害。在美发、护发的过程当中会遇到各种各样的问题，你知道应该怎样正确应对吗？

关于头发日常护理的问题

Q ： 怎样给头发补水？

A ： 正常头发中含有大约 15% 的水分，如果低于 10%，就会立刻呈现出种种干燥的现象，如静电，发丝飘落，发端分叉等。

秀发和肌肤一样，更需要补水，季节交替的时候就更是如此，尤其是在秋冬这样的干燥时节。平时的吹风整烫、紫外线照射、季节的变换、空调，甚至是房间中的灯光，都会使水分流失，造成对秀发的伤害。因此，无论是长时间待在空调房的上班族，还是喜欢染烫头发的爱美族，或者头发容易毛燥的受损者，都需要给秀发多一点的水分滋养与保护。

如果说滋养的重点是发丝，那么补水的重点就是头皮了。因为头皮中的毛囊是头发进行代谢活动的场所，是头发生长和发育的源头，发丝中的水分绝大部分是由毛囊提供的，所以要挽救干涩的头发，关键是给头皮补水，如定期使用补水发膜，或者给头发做个水疗护理。

Q ： 头发洗后是吹干好还是自然干好？

A ： 用电吹风的中温，大风力迅速吹干头发，是避免发丝水分流失以及被"锈化"的最好方法。吹的方式是以头顶黄金点为中心（就是鼻梁上沿线和两耳连线的交点），向四周边吹，边用手指轻拨头发，使风力直达头皮，顺着发丝吹才不会让头发毛糙打结，更不会出现"越吹头发越乱"的问题。吹完后，在秀发干燥的地方擦一些养护产品，有助于后续造型。

Q： 哪些人需要头皮护理品？发质好，是不是就不需要了？

A：健康的头皮才能生长出美丽柔顺的头发。但是，现代人的工作压力大，环境污染严重，很多人面临着头皮"压力"过大、太油，导致发丝生长环境不佳的状况，使头发越来越没有光泽，甚至出现脱发问题。这时，就体现出平日头皮护理的重要性了。

其实，很多头皮养护产品，就如同发膜一样，每周只需用 1 ~ 2 次，以植物精油或矿物质油来调理头皮，使其更健康。平时注意护理头发才能随时绽放光着与柔顺。

Q： 为什么冬天容易产生头皮屑呢？

A：天气越冷，人的头皮屑就有越来越多的迹象。这是因为头皮上的"皮屑芽孢菌"在低温环境下比较活跃，因此，越到冬天，越容易产生头皮屑。改善头皮屑症状的方法之一，是要多洗头，洗头之后不需要再使用护发素，以免让头皮变得更油，更容易滋生头皮屑。选用具有抗"皮屑芽孢菌"效果的洗发水，可以有效改善症状。

关于护发素使用的问题

Q ： 免洗护发素可以代替营养护发素吗?

A：通常情况下，免洗护发素只拥有抗静电功能，只能在头发表面形成保护，无法深入发根，养护受损发质。所以，在洗发时，不能略去营养润泽的护发素。

Q ： 免洗护发素有什么优点?

A：免洗护发素可以防止秀发的毛鳞片表面受到损害，产生静电。在使用发胶、摩丝、发蜡等定型产品之前，务必要使用免洗护发素，这样就可以避免这些产品给秀发带来损害。免洗护发素还包括发尾防护素，有防止发尾的暴裂、分叉的作用。因为发尾护发素的油性比较大，所以它可使你的发梢看起来更润泽光亮，不易打结。

但它里面的成分只可以被头发表面所吸收，所以免洗护发素不能够起到根治受损发质的作用。

Q ： 免洗护发素应该怎样使用?

A：1. 在使用之前，一定要先用毛巾吸干头发上的水。如果头发里水分太多的话，护发素不能有效地被吸收。

2. 护发素应涂抹在头发中部以下至发梢，而非紧贴头皮的发根部。

3. 用梳子充分梳理头发，使护发素均匀分布。

Q ： 护发素是不是用得越多越好？

A ：油性头发使用护发素时，一定要当心。在使用时，只要涂抹在较为干燥的发梢部即可，头皮部分尽量少使用护发素。在洗头之后，过量使用护发素，将会增加头皮的负担，使头发变得更油，进而产生更多的头皮屑。

Q ： 干燥发质适合使用什么样的护发素？

A ：很多人误以为，干燥发质更需要保养，于是总使用含有高蛋白的特效护发素，却使头发变得越来越干。其实，过多使用蛋白护发素，会影响头发正常的新陈代谢，效果适得其反。选用清洁型护发素既可有效地清洗头发，又可以给头发提供适当的养分。

Q ： 护发素是不是不必冲得太干净？

A ：护发素的确可以让头发变得柔顺，但并不意味着就一定要让它残留一些在头皮上。护发素内的化学物质与空气接触后，会堵塞毛孔或造成头皮屑的产生。因此，在用完护发素后，一定要将其彻底冲洗干净。

关于烫染后头发护理的问题

Q：刚染完的头发，怎样才能让发色保持更久？

A：头发健康，发丝外层的锁水膜完整，头发的颜色才会保持得更久。所以，归根到底，还是要让染后的头发迅速恢复到健康状态。

保持中温水洗头，选择针对染后的洗护产品，来补充头发因染发而流失的维生素和蛋白质，避免日光直射，这些是保护发丝的做法。

染后头皮的养护方法是，在染后使用清洁调理头皮的产品，如预洗液或头皮护理油等按摩头皮，不仅可以帮助去除染发时残留的染膏，更可舒缓头皮，也可让头发更水润亮泽。

Q：染发后需要使用染后护发素吗？

A：大部分人在刚染过头发后，会继续使用2合1洗发水或使用非针对性的洗发水和护发素，所以颜色褪色会很快。而针对染发发质的专业性洗发水与护发素能够有效稳定色素粒子，使之不易很快流失。此外，吹风机的热度也会加快色素脱落，所以，一定要在吹风前涂抹一些含护发素的产品来稳定发芯中的色素。

Q：烫发后需要使用烫发护发素吗？

A：同染发一样，烫过的头发如不经常护理会变得毛糙、卷度松懈。所以，建议你无论在洗发时，还是在洗发后，都应该适当地使用不同的护发素。

使用烫后专用的洗发水，配合使用固定卷度护发素，可以使卷度维持得更久，发丝更亮泽。另外，在擦拭头发后、吹风造型前涂抹免冲洗的曲发护发素，可以使头发更润泽。